安心・安全・信頼のための抗菌材料

HACCP対応抗菌環境福祉材料開発研究会 編

米田出版

執筆者一覧（○は責任編集者）

監修：兼松秀行
編集委員（校正、助言、加筆）
（順不同・敬称略）　○生貝初、佐藤嘉洋、菊地靖志、米虫節夫、坂公恭、吉武道子、大村博彦、北野利明、故金正司、小林裕幸、澄野久生、村川悟、樋尾勝也、加藤鋼治、早川洋二、水越重和、間世田英明、西本浩司、宇治原徹、吉川正道

まえがき：米虫節夫、菊地靖志
はじめに：兼松秀行

1. 安心・安全・信頼と抗菌材料ニーズ：兼松秀行
2. HACCPと品質管理：奥田貢司
3. 抗菌性とその評価法：○福崎智司、加藤丈雄、飯村兼一、小川亜希子
4. 材料と微生物の相互作用－抗菌とバイオフィルム－：○宮野泰征、川上洋司、菊地靖志
5. 安心・安全・信頼のための実用材料の基礎と製造プロセス：○黒田大介、日原岳彦、渡辺義見、和田憲幸、柳生進二郎、八木渉
6. 抗菌材料の現状と可能性：○高津祥司、伊藤日出生、鈴木聡

おわりに：兼松秀行

まえがき 1

　微生物と金属の関係：顕微鏡下でしか見られない小さな柔らかそうな微生物と、大きくて肉眼でも見ることができ硬くて耐久性に富んでいる金属、一見するとその両者間にはほとんど関係がなさそうに思える。もしも「金属は微生物の働きによって『つくられ』た」と聞いたときには、「それ、本当？」と聞き返したくなるのが普通である。しかし、これ本当の話なのである。
　地球上に生まれた最初の生物は「微生物」である。約 40 億年昔といわれている。人類は、地球上の生物の中では最新参者であり、現代人の祖先の誕生はほんの 5 万年くらい前である。現在、我々が用いている鉄をはじめとする金属は、約 27 億年前頃から微生物（藍藻類）が造り出した酸素と、長年月をかけて陸地から海洋に運ばれ海水中に溶解していた金属とが反応し、酸化物として沈殿してできた鉱床から得られたものばかりである。ゆえに、金属は微生物により造り出されたともいえる。一方、微生物は金属表面に付着し、有機酸などを産生して金属材料を腐食させることも多い。バイオフィルムの形成は、微生物による金属材料の腐食の速度を速め、強度の劣化などをもたらす。ゆえに、多方面において金属と微生物の関係は切っても切れないものといえる。

　地球上で最初に生まれた生命体である微生物は、現在地球上のすべての空間に存在し、我が物顔に振る舞っている。土壌中、海水中（表層ばかりか、深海中も）、淡水中、空気中さらには、極地の氷雪中にも微生物は生存している。また、多くのものの表面、建造物の床、壁、天井などでは、その素材の如何を問わず、微生物が付着しているのが普通である。そのような地球上最古参の微生物に、一定の空間だけからは退去していただく技術が「滅菌技術」であり、微生物が付着している材料に対して一時的に作用を及ぼさないようにしてもらう技術が「抗菌材料化」である。これらは総称して微生物制御と

いわれている。

　微生物は歴史の長さを反映して多彩な生物活性を示す。そのため、現在我々が用いているすべての材料を蝕害し劣化させる。食品加工分野、医療福祉分野、構造物関連分野などすべての分野がその例外ではない。ここに「抗菌材料」の必要性がある。従来、微生物学の分野から抗菌材料について論じられてきたことが多いが、本書においては材料に主眼点をおいて、金属材料、無機材料、有機材料、複合材料、粉末材料、表面処理などの説明から、食品加工分野、飲料関係、自動車産業、冷却水関連、半導体産業、海洋構築物など広範囲に及ぶ抗菌材料の現状と可能性などを大胆に検討している。

　すべての材料は、微生物により劣化する。ゆえに、各種材料については微生物の知識なしに語ることはできない。本書は、材料科学を目指す人たちが微生物を知るための入門書であり、逆に微生物の専門家が材料についての知識を得る入門書でもある。多くの人に本書が活用されることを希求する。

2009年10月12日　体育の日

大阪市立大学大学院工学研究科　客員教授
食品安全ネットワーク　会長
米虫節夫

まえがき2

　「HACCP対応抗菌環境福祉材料開発研究会」がその活動の証として通常型の金属材料に抗菌機能を付与した"抗菌性金属材料"に関する書籍の出版を企画した。実にタイムリーであるとともにこの分野での魁となる作業であろう。成書が未だ無く、入門書を期待している読者にとって資するところ大きいと考えるからである。微生物腐食の研究に端を発して、微生物と金属材料との各種相互作用に興味を持ってきた筆者として、大変嬉しくも思っている。

　ところで、なぜ"抗菌性金属材料"の研究開発が必要なのか？　これまでの背景・現状そして将来への期待を簡単に記述し、考えてみたい。"抗菌"あるいは"殺菌"という述語にはそれぞれ定義があるが、広く微生物を制御する、という捉え方をすると、制御の目的、そのための手法（技術）は非常に古くから存在している。例えば、抗菌性（殺菌性）を持ったいろいろな物質を利用してBC3000年頃エジプトで行われていた"ミイラ"の作製にルーツを求めることができる。同様に、銀および銅などの金属の殺菌性能についても紀元前から認識されていて、有効に利用されていることも周知の事実である。

　しかし、我々の先祖が微生物制御を自ら考えるようになったのはレーベンフックの顕微鏡の発明以後のことであり、意識して制御の必要性を考え、それを可能とする物質を求める努力は1800年後半から始まったといわれている。1900年代に入り、各種薬剤が開発されさらに人体に影響の少ないものが求められるようになる。

　1960年以降、わが国では各種無機物質に銀、銅、亜鉛、チタンおよびその他金属酸化物などを担持させた金属無機系抗菌剤の研究開発が始まり、1980年代にセラミックス系抗菌剤が実用に供されるようになった。時期が少し遅れるがそれらの評価法、安全性を確認するための試験法その他法の整備も並行して進められた。

一方、銀および銅以外の金属材料に"抗菌性"という新機能を付与しようとする研究も鉄鋼メーカーを中心として行われ、1990年代から銅および銀を合金化して抗菌性を発現する"抗菌ステンレス鋼"が実用化された。上記の二系統の抗菌材料開発は現在、わが国が世界をリードしている分野である。海外では2008年3月米国環境保護庁（EPA）は銅および銅合金の公衆衛生における殺菌力を表示することを認可した。これは金属材料としてはじめてのことであり、注目すべきことである。実際に病院設備、医療機器、福祉施設での機材などにどのように応用するかの研究が今後重要である。このような抗菌性金属材料の優れた特性がまだ広く周知されておらず、工業用構造材料としてまた日常生活での身近な器具、機材として使用されるまでに至っていないからである。

　微生物による災害が多発している中で"安心・安全・清潔な空間"が求められている。このために、現状では多量の薬剤と労力が消費されている。しかし、過剰な薬剤の使用による環境汚染が問題となり、薬剤に代わる微生物制御手段が望まれてきている。こうした微生物災害のリスクを低減する基盤材料として抗菌性金属材料を応用することを提案したい。そのためにも人に優しく、環境と調和したさらに進化した抗菌性金属材料開発の基礎と応用研究が必要である。

　生物学と金属学という今までにない組み合わせの境界領域研究から新しく美しい花の咲くことを祈り、本書の若い読者に期待するところ大である。

2009年10月

　　　　　　　　　　　　大阪大学 名誉教授（大阪市立大学 客員教授）
　　　　　　　　　　　　　　　　　　　　　　　　　菊地靖志

はじめに

　私たちは、財団法人科学技術交流財団で平成 20 年度 5 月に HACCP 対応抗菌環境福祉材料開発研究会を結成して、勉強会を足掛け 2 年にわたって続けてきた。この本はその大きな成果の一つである。この研究会を愛知県にある科学技術交流財団のお声掛かりで発足させることを立案したのは、単なる思いつきではなく、実はちょっとした仔細あってのことである。

　愛知県を中心とする東海地域は、ご存じのとおり、自動車産業を中心としたものづくり産業が集積した地域である。しかしながら、自動車産業の陰に隠れて、それほどには知られていないことであるのだが、実は愛知県は食品産業の製造品出荷額が北海道についで全国第 2 位であり、食料品製造業の事業者数、従業員者数がともに同様に北海道に次ぐ規模を誇っている一大食品加工産業の集積地ともなっているのである。このことは、とりもなおさず食品加工産業に展開可能な材料ニーズが、潜在的に愛知県を中心とする東海地区に多く存在することを示している。したがって、このような観点から、愛知県を発信地として、食品加工産業を念頭に置いた抗菌環境福祉材料のシーズ、ニーズを展開していくこと、またそのために必要な材料工学や生物学などの基礎を学ぶことはごく自然な成り行きであったといえる。

　このような"ご縁"でもって始まった本書の企画執筆ではあるが、学問として完成された分野ではないため、必要とされる基礎を系統立てて示すことは困難であった。また、その応用展開についてもすべてを網羅することは、まだまだ時期尚早である。それでも、近い将来、高齢化社会の到来が予想される現時点において、"最初の一歩"を勇気を持って踏み出すことは大きな意義を持つものと私どもは固く信じている。そして、その信念が本書を生み出す大きな駆動力となったことは紛れもない事実である。

　まえがきをお願いした米虫節夫博士と菊地靖志博士は、本書のキーワードである HACCP、抗菌材料に関するいわばわが国の草分け的な存在であり、

はじめに

上記のHACCP対応抗菌環境福祉材料開発研究会のご意見番として、私ども研究会のメンバーとその活動を常に高所から温かく見守り、相談に乗ってくださったのであるが、この両先達をまえがきに配したことが象徴しているように、本書は生物学と材料工学のブレンドされた教科書となっている。この二つの分野の学際領域を本書は扱っているのであるが、両分野の本書における関係は、生物学がソフトに、そして材料工学はハードとなる位置関係にある。この哲学を強く意識しながら本書を構成した。その構成は次のとおりである。

第1章において、抗菌材料が潜在的ニーズとして求められる産業分野を三つに分類し概説した。食品加工関連、医療福祉関連、構造物関連である。これらそれぞれの分野において抗菌材料がなぜ必要となってくるのかを簡単に述べ、それに関連する基礎的事柄が本書においてどこに述べられているかを示した。いわば第1章は、本書の先導的マップのような役割を示している。

第2章においては、HACCPの定義から始まって、その発展の歴史、展開そして品質管理との関係における今日的な意義について述べられている。

第3章は、HACCPにおいても重要な意味を持つ抗菌性について、その定義から評価法に至るまでの考え方、基礎的な事柄、手法などが記述されている。本章はまた実際に実験する場合の格好の手引きとなるであろう。

第4章は、バイオフィルムに関する解説である。細菌は材料に吸着して集団で浮遊細菌とは異なった性質を示し、その結果材料に様々な現象をもたらすことが1980年代に見出されたが、抗菌性と材料への影響がこの観点から説明されている。

以上のソフトとしての品質管理あるいは微生物学の基礎的な事柄を受けて、これに対してハードの部分、材料の基礎についての記述が第5章においてなされている。本章は切り離していただいて材料工学の格好の入門書としても用いることができると考えている。

第6章においては、第5章までの記述を念頭に、抗菌材料を食品加工産業に適用するために必要とされる諸性質を述べた。また、構造材料としての用途を考えたときにその潜在的な応用先として冷却水系を取り上げ、その基礎的な事柄を解説した。その一例としての抗菌ステンレス鋼の開発を取り上げ

て解説した。

　各章は、上記のように有機的な関連を保ちながらソフトからハードへ、そして将来展望へと流れるように配列されているが、各章を独立に取り上げていただいてもそれぞれのトピックの簡単な解説としてお読みいただけるようになっている。いずれの使い方をなさっても、本書は生物学と材料工学の学際領域のガイドブックとして皆さんのお役に立つことであろうと執筆者一同確信している。

2009 年 12 月

兼松秀行

目　次

まえがき

はじめに

1. 安心・安全・信頼と抗菌材料ニーズ……………………………………1
　1.1　食品加工関連　*1*
　1.2　医療福祉関連　*3*
　1.3　構造物関連　*5*
　参考文献　*6*

2. HACCPと品質管理 ………………………………………………7
　2.1　HACCPとは　*7*
　2.2　HACCPへの注目　*8*
　2.3　食品は品質が劣化する　*10*
　2.4　食品の安全を構築するHACCP　*11*
　2.5　HACCPを機能させるには　*12*
　2.6　食品テロに対する対応　*14*
　参考文献　*15*

3. 抗菌性とその評価法………………………………………………17
　3.1　抗菌の定義と評価の視点　*17*
　3.2　抗菌剤の作用機構　*18*
　　3.2.1　細菌の細胞構造　*18*
　　3.2.2　金属の抗菌作用　*18*
　　3.2.3　有機系抗菌剤の抗菌作用　*19*

3.2.4　光触媒酸化チタンの抗菌作用　20
3.3　培養の基本操作　20
　3.3.1　滅菌方法　21
　3.3.2　無菌操作　22
　3.3.3　培養方法　23
　3.3.4　試験菌の調製　23
　3.3.5　試験片の清浄化　24
3.4　抗菌剤の抗菌性評価法　24
　3.4.1　ハロー法　24
　3.4.2　最小発育阻止濃度（MIC）測定法　25
　3.4.3　最小殺菌濃度（MBC）測定法　25
3.5　抗菌加工試験片の抗菌性評価法　26
　3.5.1　フィルム密着法　26
　3.5.2　滴下法　28
　3.5.3　シェーク法　29
　3.5.4　浸漬試験法（ディップ法）　30
　3.5.5　ハロー法　30
3.6　実環境での抗菌性評価法　30
　3.6.1　拭き取り法（スワブ法）　31
　3.6.2　スタンプ法　31
　3.6.3　真空吸引法　31
3.7　表面分析法　31
　3.7.1　X線を用いた表面分析法　34
　3.7.2　電子線を用いた表面分析法　36
　3.7.3　イオンビームを用いた表面分析法　37
3.8　おわりに　38
参考文献　38

4. 材料と微生物の相互作用－抗菌とバイオフィルム－ ……………41
4.1　はじめに　41

4.2　金属表面のバイオフィルム　41
　　4.3　微生物腐食　44
　　4.4　溶接部における微生物腐食事例　45
　　4.5　腐食機構　46
　　4.6　微生物の付着と腐食　47
　　4.7　微生物腐食防止技術　49
　　4.8　抗菌機能を利用した微生物腐食抑止技術　50
　　4.9　抗菌機能を利用した衛生管理　52
　　参考文献　53

5. 安心・安全・信頼のための実用材料の基礎と製造プロセス………57
　　5.1　金属材料　57
　　　5.1.1　金属の結晶構造　57
　　　5.1.2　金属の変態　58
　　　5.1.3　金属の凝固と状態の変化　58
　　　5.1.4　金属材料の種類と特徴　59
　　　5.1.5　鉄鋼材料　59
　　　5.1.6　アルミニウムおよびアルミニウム合金　62
　　　5.1.7　銅および銅合金　63
　　　5.1.8　金属材料の腐食　64
　　　5.1.9　異種金属接触腐食/ガルバニック腐食　66
　　5.2　セラミックス材料　66
　　　5.2.1　セラミックスの定義と特徴　66
　　　5.2.2　ニューセラミックスの分類　68
　　　5.2.3　セラミックスの合成法　70
　　　5.2.4　生体用セラミックス　73
　　5.3　高分子材料　74
　　　5.3.1　高分子材料の定義と特徴　74
　　　5.3.2　高分子材料の分類とその種類　77
　　　5.3.3　高分子材料の抗菌化の方法　80

5.4　複合材料　*81*
　5.5　粉末材料　*87*
　　5.5.1　微粒子の性質　*87*
　　5.5.2　ビルドアップ法　*90*
　　5.5.3　ブレイクダウン法　*97*
　5.6　表面処理　*99*
　　5.6.1　表面処理と薄膜　*99*
　　5.6.2　薄膜作製法の分類　*99*
　　5.6.3　主な薄膜作製技術とその方法　*102*
　　5.6.4　真空蒸着法（電子ビーム加熱）　*102*
　　5.6.5　スパッタリング法（マグネトロンスパッタリング法）　*103*
　　5.6.6　イオンプレーティング法　*104*
　　5.6.8　電解めっき・無電解めっき　*105*
　参考文献　*106*

6. 抗菌材料の現状と可能性 ……………………………………… 109

　6.1　抗菌材料に要求される仕様と食品加工業界への用途展開　*109*
　　6.1.1　食品工場用途としての抗菌材料の要素条件　*109*
　　6.1.2　食品生産工程における材料使用温度および使用圧力、耐化学薬品性　*110*
　　6.1.3　食品用途を考えた安全な材料　*111*
　　6.1.4　抗菌材料の用途例　*112*
　6.2　冷却塔を使用する冷却水系の水質管理と材料　*113*
　　6.2.1　冷却塔の種類　*113*
　　6.2.2　冷却塔の不調発生と管理　*113*
　　6.2.3　冷却水を管理する処理剤　*114*
　　6.2.4　開放型循環冷却水系の水質の管理　*115*
　　6.2.5　冷却水の管理の重要性　*116*
　　6.2.6　冷却水の管理　*117*
　　6.2.7　運転不調機器の化学洗浄　*118*

6.2.8　密閉型循環冷却水系　*120*
　　　6.2.9　循環冷却水系の将来と材料　*121*
　6.3　銅を合金化した抗菌ステンレス鋼の開発　*123*
　　　6.3.1　開発の経緯　*123*
　　　6.3.2　ステンレス鋼板　*124*
　　　6.3.3　銅を合金化した抗菌ステンレス鋼　*128*
　　　6.3.4　フィールドテスト　*138*
　　　6.3.5　適用事例　*143*
　　　6.3.6　まとめ　*145*
　参考文献　*146*

おわりに　*149*

事項索引　*151*

1. 安心・安全・信頼と抗菌材料ニーズ

1.1 食品加工関連

　近年"食の安全性"を大きく揺るがす出来事が数多く起こったことは我々の記憶に新しい。一度安全性に問題があるという印象を持たれると、消費者の安全に危険が生じるだけでなく、製品そのものへの信頼が損なわれ、ひいては企業のイメージも大きく傷つき、経営すら困難になってくる可能性も生じてくる。社会に与える影響はきわめて大きいといえる。その意味から、いかに食品の品質、安全性を保証するかは重大な問題である。"食"の品質を保証するための仕組みの代表的な考え方は HACCP（Hazard Analysis and Critical Control Point）である。これについては次章（第2章）で詳しく述べられている。材料工学的に考えたとき、HACCP に対応可能な材料にはどのようなものがあるか、あるいはどのような工夫がなされなければならないかを考える必要がある。HACCP などの品質管理の詳細については次章に譲るとして、ここでは材料が持たなければならない性質を考えてみたいと思う。
　食品加工関連への材料の応用を考えたとき、異物の混入を防ぐという立場から耐摩耗性や耐食性が問題となる。耐摩耗性による金属の消耗が食品への混入という結果とならないように、金属自体の耐摩耗性の向上が望まれる。また、食品加工関連の水環境中で腐食によって金属材料が消耗する際には、これらの環境中にイオンとなって溶出することが考えられるが、これが食品の質としての変化はもちろんのこと、量が予想を超えてある閾値を超えると、毒性の発現にもつながるため、耐食性を向上させることが望ましい。
　耐摩耗性、耐食性といった諸性質が適正な材料を選択して用いるためには、材料の正しい基本的な知識が必要である。本書の第5章においていくつかの実用材料に関して基本的な記述がなされているので、ぜひ参照していただき

たいと思う。

　これら材料の従来の基本的性質に加えて、食品加工関連において特に必要となるのは抗菌性、抗カビ性である。これらの性質は材料工学的な観点からは、まだ多くの未解明な要素を残している、比較的新しい性質であるが、一方細菌とか真菌の性質から考えると、古来から材料本来が備えてきた重要な性質であるといえる。抗菌性については第3章に詳しく述べられているので、詳細はそちらをご一読いただきたい。

　抗菌材料は例えば食品加工関連産業においては、食器、お盆、容器のみでなく、配膳台、工場の壁、天井、床など食品加工のプラント関係の材料にも必要となる。

　材料の抗菌性を評価するためには、JIS Z 2801 : 2000 に規定されているフィルム密着法を用いるのが最も一般的である（第3章参照）。本試験法は2007年に国際標準化機構（ISO）によって承認され、国際規格の試験法となっている（ISO 22196）。この評価法を用いて抗菌性を発現する金属元素としてしばしばあげられるのは銀と銅である。これらの金属は、汎用性もあり、よく用いられるのであるが、抗菌性がなぜ発現するかについてはいろんな説があり、未だに定説がないといえる。比較的最近のことであるが、1980年代以降、

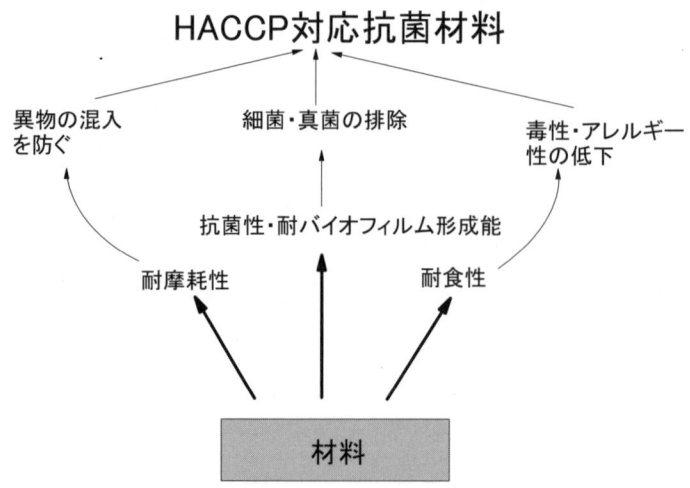

図1.1.1　食品加工関連材料開発の方向性

抗菌性を議論する際には、バイオフィルムの重要性が指摘されるようになった。また、セラミックスにおいては、光触媒による抗菌性発現で知られる酸化チタンがある。これを抗菌材料として用いていくためには、どのようにこれら抗菌性の物質を部材として製品に組み込んでいくかがポイントとなる。本書においては、抗菌金属元素をステンレス鋼に組み込んで抗菌実用材料を開発した例が第6章に述べられている。この例が示すように、バルク材料として用いる可能性もあるであろうし、表面の皮膜や塗料としての利用法もあるであろう。ポーラスな材料に担持させるようなことも考えられるかもしれない。実際このような工夫をして、製品や研究段階の試作品が数多く作られている。図1.1.1に、食品加工関連産業におけるHACCP対応抗菌材料の開発指針を模式的に示す。

1.2 医療福祉関連

　食品加工関連産業と同じくらいに重要なのが、医療福祉関連産業である。例えば、病院の壁、天井、フロアー、病床、患者の食事の配膳車、食器、各種容器、様々な医療器具などは感染を防ぐために抗菌性の高いものを使いたいものである。医療現場における感染の例としてMRSA（メチシリン耐性黄色ブドウ球菌）による院内感染がよく知られている。例えば、米国においてはその患者数は年間200万人ともいわれ、死亡者数も年間10万人近いとされている。米国環境保護庁は2008年3月、銅および銅合金の殺菌力の表示を認可した。このことがきっかけになって、今後銅および銅合金の抗菌性材料への展開がいっそう進展することが期待されている[1,2]。
　一方、高齢化社会を迎えようとしているわが国や欧米各国においては、各種生体材料の開発がめざましい。生体内へのインプラントの開発を考えたとき、生体親和性といった問題に併せて、生体内の細菌によるバイオフィルム形成が重要な問題となる。バイオフィルムは第4章に述べられているように、細菌が材料表面に吸着し、お互いに信号を出し合うことにより（クオラムセンシング）一斉に多糖を排出して、多糖と水と細菌からなる薄膜状の空間を形成するが、この生物由来の薄膜をいう。図2.2.1に、この形成過程を模式

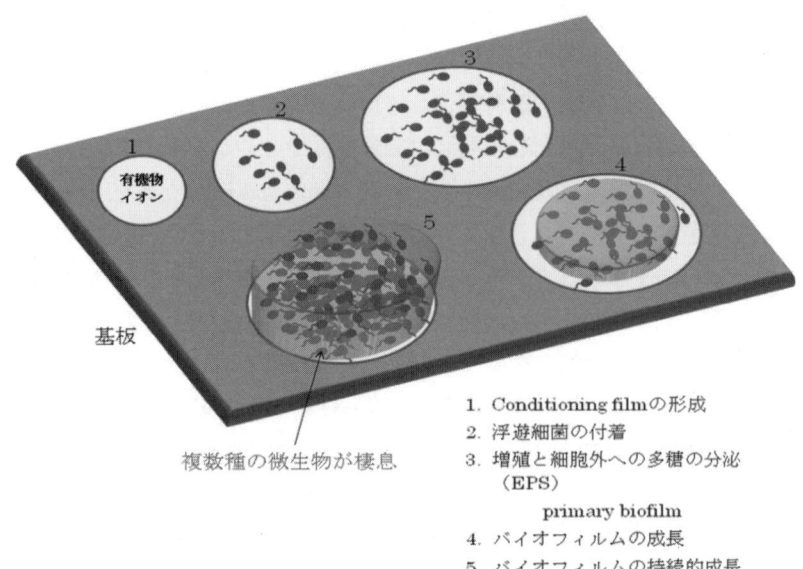

図 1.2.1　バイオフィルム形成の模式図 [3]

的に示す [3]。この点は食品加工産業関連と同じであるが、生体内は環境が異なり、また対象となる微生物も異なるため、バイオフィルムの挙動も異なったものになるが、材料に吸着して浮遊細菌と異なる性質を示すこと、細胞外多糖（EPS）を排出して材料表面に薄膜状の空間を形成すること、抗生物質が効きにくくなったりして、細菌が生存する確率が高くなることなど、基本的な性質は同じである。第4章に詳しく記述されているので、参照されたい。

　薬剤耐性の問題もあり、医学、薬学の観点から生体内のバイオフィルムの研究は盛んに行われてきているが、材料学的な観点からのバイオフィルムの研究（生成メカニズム、低減のための材料創生）はまだまだ遅れているといってよい。この観点からの材料の研究がいっそう進展することが望まれている。

1.3 構造物関連

　海洋環境や冷却水系の環境は微生物の観点からは貧栄養環境である。このような環境においては、微生物は材料表面に前述のバイオフィルムを形成して生き残ろうとする傾向がさらに強くなる。このため、これらの環境においては、微生物と材料の相互作用によって材料が劣化することによる問題が多くあり、それらが未解決のままになっている。その一つが微生物腐食とスライム形成による材料劣化の問題である。

　今や地球温暖化の恐れのために、また資源保護の観点からも、化石燃料の使用を抑えてCO_2を削減する動きが活発である。このような背景から、原子力発電のさらなる利用、再生可能エネルギーとしての洋上風力発電、また資源をさらに求めて海底油田や海底の資源探索など、海洋構造物がますます必要となってくることが予想される。そのためには、海洋構造物の長寿命化を可能にする材料開発が必要となることであろう。微生物の付着によって引き起こされる微生物腐食や生物付着による局部腐食での劣化は、バイオフィルムの形成に端を発することがきわめて多いことが予想される。微生物腐食による経済損失を見積もることは難しいが、先進国ではおおよそ GDP の数パーセントがトータルの腐食による経済損失であり、その 50％に何らかの形で微生物が関与しているとする試算もある[4]。

　同じように、貧栄養環境下での構造物の微生物による劣化としてあげられるのが冷却水系である。冷却水の基本的な事柄については、第 6 章に詳細に述べられているので、この環境がどのようなものかは、そちらを参照していただきたい。ここではどのような材料ニーズがあるかについて、簡単に述べたいと思う。第 6 章の冷却水系の記述と併せて読むことによって、材料開発の必要性を理解していただければ幸いである。

　冷却水系においても、微生物の材料への付着によるバイオフィルム形成と、その発達に伴うスライムの形成が問題となっている。冷却水は高温と低温の流体を、材料を介して接触させて、二つの流体間で熱の移動を起こさせることによって加熱したり冷却したりする機能を持たせた系である。しかし、微

生物の付着に伴い、器壁にバイオフィルムが形成され、その発達とともにバイオフィルム内の環境が種々変化し、第 6 章に述べられているように、外部から無機物質を取り込んでいき、スライムへと発達を遂げる。スライムが形成されると熱交換効率が悪化し、エネルギー効率が低下して、無駄が生じる。栗田工業の試算によると[5]、1,000 USRT（USRT：米国冷凍トンの略号。1 日に 1 トンの氷を作る能力で 1 USRT は約 3,000 kcal/h、ほぼ家庭用クーラー 1 台分に相当）のターボ冷凍機で、0.2 mm 程度のぬめり（主体はバイオフィルムと考えられる）が形成されることにより、5％のロスが生じて 150 万円もの損失につながるといわれている。この損失は 1 年あたりの CO_2 の余剰発生量に換算すると、70 トン CO_2/年に相当する。ちなみに、バイオフィルムあるいはスライムの厚さが 300 μm になると、エネルギーロスが 10％となり、その結果 CO_2 余剰発生量が 120 トン CO_2/年となる。バイオフィルムの低減が CO_2 の削減に大きくつながることがこのことからよくわかる。

この例からわかるように、抗菌性を高めることによって、海洋構造物や冷却水系の構成材料の長寿命化につながり、省エネルギーや CO_2 の削減につながっていく可能性が出てくる。バクテリアがこの我々の住む地球環境をかつて作り上げる上で重要な鍵となったように、抗菌材料へのニーズは将来の産業や、エネルギー問題、環境問題を解決する上で重要な鍵となるであろう。

参考文献

1) 日本銅センター．*米国環境保護庁（EPA）　銅の殺菌性を認可されました*, <http://www.jcda.or.jp/news/cda_news.html> (2008).
2) 宮野泰征; 小山訓裕; 佐藤嘉洋; 菊地靖志　*銅と銅合金* **2009**, *48*, 290.
3) 生貝初; 黒田大介; 兼松秀行; 小川亜希子; 南部智憲　*材料とプロセス (CAMP-ISIJ)* **2009**, *22*, 1228.
4) Fleming, H. *Economical and Technical Overview*. p.6-14 (Springer-Verlag, 1996).
5) 栗田工業　*クリタ通信* 2008; Vol. 88.

2. HACCP と品質管理 [1-3]

2.1 HACCP とは

　HACCP (Hazard Analysis and Critical Control Point) は、日本語では「危害分析重要管理点」と訳すことができる。ハサップと略称されている。始まりは、1960年代のアポロ計画の中で、宇宙船の乗員が食中毒などの健康被害を起こさないようにするために、米国国立航空宇宙局 (NASA)、米国合衆国陸軍 (US Army) とピルスビリー社 (Pillsbury Company) が1959年から構想し作り上げ、1971年に第1回米国食品保全会議 (National Conference of Food Protection) で概要を公表したものである。

　今までは、最終製品の抜取り検査をすることで、食品の安全性の確認を行っていた。HACCP では、製造した食品のすべてが安全であることを保証するために、原料の受入から製造・出荷までのすべての工程にどのような危害要因があるのかを分析（洗い出し）する。その危害分析の結果から、要因を除去したり減少させる工程中の重要管理点 (CCP: Critical Control Point) を決定し、基準を決めて管理する衛生管理手法である。コーデックス委員会の「HACCP システム適用のためのガイドライン」では、7原則12手順が示されており、これに従って HACCP プランを構築していく。7原則12手順は以下のとおりである。

　　手順1　HACCP チームを編成
　　手順2　製品について記述
　　手順3　意図する用途／対象消費者の確認
　　手順4　フローダイアグラム／施設内の見取り図の作成
　　手順5　フローダイアグラム／施設内の見取り図の現場確認
　　手順6　危害分析　　　（原則1）

手順7　CCP の設定　　　（原則2）
手順8　CL の設定　　　　（原則3）
手順9　モニタリング方法の設定　　（原則4）
手順10　改善措置の決定　　（原則5）
手順11　検証方法の設定　　（原則6）
手順12　記録の維持管理　　（原則7）

2.2　HACCPへの注目

　2000年に起こった雪印乳業食中毒事件を皮切りに、食品の安全・安心に対して消費者の意識変化は大きく変化し、食品企業への社会的な責任を要求するようになった。

　消費者は、食品企業に対して「客観的に安全で、品質が維持されていること」だけを求めているのでなく、「食品の安全についての信頼性が確保されているかどうか」まで求めている。すなわち、「安全」だけではなく「安心」をも求める風潮になっているのである。2008年に起こった中国製ギョーザ事件は、食品の安全が保証される衛生管理システムが完備した工場で製造されている製品から、消費者の有症事例など起こるはずがないと考えられていたので、食品企業に大きな衝撃を与えることとなった。

　今では多くの食品企業で、食品の安全性を確保するために、様々な衛生管理手法が使われるようになった。その中で代表的なものを、表 2.2.1 にまとめて示す。

2. HACCPと品質管理

表 2.2.1 食品の安全性を確保するための衛生管理手法 [4]

略　称	英語表記	内　容
ISO22000：2005 食品安全マネジメントシステム	ISO 22000：2005 Food safety management systems	ISO9001をベースにHACCPの概念を取り込み、コーデックス委員会の「HACCPシステムとその適用のためのガイドライン」に従って、7原則12手順が組み込まれている。一次産品（農産物や水産物など）から小売、製造・加工に利用する機材、途中の運送など、フードチェーンに関わるすべての組織が認証できるものとなっている。
ISO9001：2000 品質マネジメントシステム	ISO 9001：2000 Quality management systems	製品品質を保証するための規格だけでなく、品質保証を含み顧客満足の向上を目指すための規格となっている。
AIB フードセイフティ	The American Institute of Baking Food Safety	安全な食品を製造するために、AIB食品安全統合基準に則ってGMP（適正製造規範）の運用を重視し検査するものである。
GAP 適正農業規範	Good Agricultural Practice	農産物の安全性を確保することを目的として、生産段階で病原微生物・汚染物質や異物混入などの危害を農業生産の作業工程ごとに危害要因を想定し、最小限に抑える対応をするもの。
トレーサビリティ	Traceability	食品の取扱いの記録を残して、食品の移動を把握できるようにした追跡システムである。食品事故が発生した場合、その製品回収や原因究明を容易にしたり、情報の伝達や検証から表示などの情報の信頼性を高めることもできる。

2.3 食品は品質が劣化する

　食品は、農産物や水産物などを原材料として、様々な方法で加工し製造される。フードチェーンの中で、原材料を工場に入荷し製品に加工する工程において、食品の持つリスクのうち最も大きな微生物に起因する食中毒を防止する目的で、いくつかの微生物制御法が施され、安全性を確認された製品のみが出荷される。もちろん、原材料が微生物などに汚染されておらず安全性の高いものであれば、簡単に安定したよい食品を製造することもできる。

　食中毒の中には、病原性微生物や微生物が産生した毒素により、食品の品質が劣化することで食中毒が発生し、重篤な患者や多くの被害者が出ることが問題になっていた。このように微生物に汚染される場合や微生物が増殖することとなる原因は、表 2.3.1 のとおりである。

表 2.3.1　微生物汚染の原因 [4]

① 原材料がもともと微生物に汚染されていた
② 作業従事者からの汚染
③ 殺菌工程での処理不十分
④ 施設内や製造工程の洗浄・殺菌が不十分で、微生物が繁殖
⑤ 使用する器具（まな板・包丁など）などからの交叉汚染
⑥ 包装材料の微生物汚染
⑦ 製造された食品の品質を保証する期間を超過した
⑧ 包装後、流通過程での温度管理などの不適切な取扱い

　最終製品の安全性を保証するための衛生管理システムである HACCP や ISO22000 は、製造工程の工程管理（プロセスコントロール）を重視している。安全で安心な食品を製造するため、多くの食品製造企業は、製造施設内で計画的な微生物制御を行い、食品および製造環境の微生物検査を通して、製品としての食品を科学的に管理している。工業製品では、例えばテレビのモニターが正しく表示されるかどうかのように「全数検査」をすることができる。しかし、食品の場合は、検査を行うと製品である食品そのものをつぶ

すことになって、もはや製品として販売できなくなるため、どうしても全製品の中から一部分の製品を抜き取る「抜取検査」しかできない。

2.4 食品の安全を構築する HACCP

米国において HACCP の 7 原則が発表されたのは、米国において品質管理活動の大きなうねりがあった時期と同じ頃であった。各企業が品質管理活動を行っていたため、衛生管理を主目的とする HACCP はきわめて簡単な 7 原則のみで運用ができるので、マネジメントに関する条項を含む必要がなかったのである。米国での HACCP の歴史は、表 2.4.1 に示すとおりである。

HACCP システムを誕生させた米国でも、表 2.4.2 に示すように大規模な食中毒事件を何回も起こしている。1995 年 USDA から出された HACCP は、当事の米国で深刻な被害を起こしていた腸管出血性大腸菌 O-157 が対象であった。日本でも 1995 年食品衛生法改正に伴い、「総合衛生管理製造過程の承認制度」(通称：マルソウ)を導入した。しかし、1996 年には大阪府堺市

表 2.4.1　米国 HACCP の歴史

1985 年	NAS（米国科学アカデミー）が食品生産業者に対して HACCP システムの採用を勧告した。
1988 年	ICMSF（全米国際食品微生物規格委員会）が WHO（世界保健機構）に対して国際規格への HACCP の導入を勧告した。
1989 年	NACMCF（全米国際食品微生物基準諮問委員会）が HACCP の指針を提出し、HACCP の 7 原則を示した。
1993 年	コーデックス委員会（FAO：国際食糧農業機関／WHO：世界保健機構の合同食品規格計画）から、衛生管理の手法として HACCP システムのガイドラインが示された。
1994 年	FDA による水産食品 HACCP
1995 年	USDA による食品 HACCP
1997 年	クリントン米国大統領教書「Food Safety From Farm To Table」HACCP の普及・適用
1998 年	USDA による食肉・食鳥肉 HACCP
2001 年	FDA によるジュースの HACCP

表 2.4.2　日米の腸管出血性大腸菌による主な大規模食中毒事件 [4]

1982 年	米国	最初の集団食中毒：ハンバーガーの挽肉が原因食（被害者 47 人）
1984 年	日本	腸管出血性大腸菌 O-157 の菌株の分離（大阪府豊中市の兄弟）
1990 年	日本	最初の集団発生事例：埼玉県浦和市の幼稚園の井戸水の汚染 （被害者 319 人・死者 2 人）
1993 年	米国	Jack in the Box 集団食中毒事件：ハンバーガーの挽肉が原因食 （被害者 700 人以上・死者 4 人）
1996 年	日本	岡山県邑久町の給食による集団食中毒：小学校と幼稚園給食 （被害者 468 人・死者 2 人）
	日本	大阪府堺市の学校給食による集団食中毒：学校給食 （被害者 9523 人・死者 3 人）
1997 年	米国	ハドソンフード社事件：凍結ハンバーガーの汚染
	日本	O-157 食中毒対策として、厚労省が「大量調理施設衛生管理マニュアル」作成

をはじめ全国で腸管出血性大腸菌 O-157 が猛威を振るい、集団食中毒の恐ろしさを再確認させられることとなった。日本版 HACCP ともいわれる「総合衛生管理製造過程」の承認制度は、食品の安全性を向上させる仕組みとして現場で十分な効果を上げることができなかったのである。

　微生物が原因となる大規模食中毒の場合には、ある短期間に多数の健康被害が発生する。HACCP 単独で、すべての食の安全を保証することができるものでなく、あくまでも食の安全の中心部分の仕組みの一つと考えなければならない。

2.5　HACCP を機能させるには

　米国で誕生した HACCP は、原材料の受入れから製品の出荷に至るまで製造過程の各工程において、異物や有害な微生物の混入・増殖などの危害を分析し、重要なポイントを決定し管理する衛生管理システムである。米国コーネル大学ロバート・B・グラバーニ教授は、「HACCP により食品の安全保証を行うピラミッド」を、図 2.5.1 のように提唱している。下図を見ると、

2. HACCPと品質管理

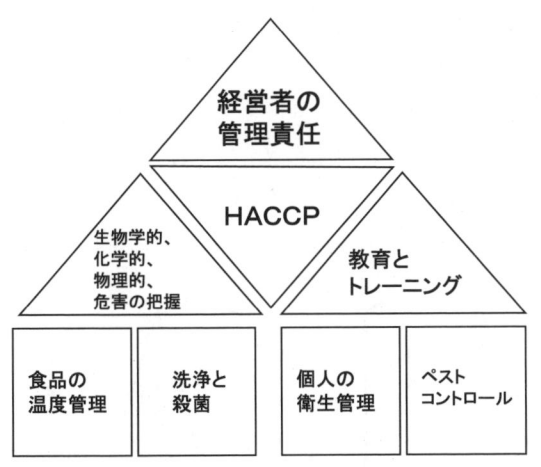

図2.5.1 HACCPにより食品の安全保証を行うピラミッド[5]

HACCPを中心に、三つの項目が取り囲んでいる。第一には「経営者の管理責任」は、経営陣が食品の安全保障に対するコミットメントをすることである。第二には「食品に対する危害の把握」は、自社の製品に対する生物学的、化学的、物理的危害について情報を集めて、よく理解すること。また、第三は「教育とトレーニング」で、従事者に計画的・適切なトレーニングを効果的に実施することである。

一方、上部のピラミッド構造を支えるためには四つの土台が必要である。食品の温度管理、洗浄と殺菌、個人の衛生管理、ペストコントロールであり、これらは前提条件となるPP (Prerequisite Program：前提条件プログラム)にすべて含まれる。米国の考え方では、PPはHACCPを効果的かつ円滑に導入・運用するための様々な条件を整備するプログラム（決め事・ルール）で「HACCPシステムの基礎となる作業上の条件を取り扱う、適正製造基準（GMP：Good Manufacturing Practice）を含んだ手順である」と定義される。PPがカバーする範囲が広ければ広いほど、HACCPによる管理は集中したポイントに限られるのでシンプルなものとなる。

日本版HACCPが導入された当時は、PPが重要視されず、CCP (Critical Control Point：必須管理点) のみで微生物制御を行うように作られたシステ

ムが多く見られた。それは、米国でのHACCPシステムが導入された当時の背景を、十分に理解していなかったからである。カナダの場合は、HACCPを有効的に運用するために、自国の事情をよく研究して構築している。まず、PP構築を優先し、PPの運用と管理を求めて、上手くいくことに重点をおき、HACCPの運用をさせている。米国のHACCPの歴史や事情をよく見て、取り入れているところがポイントである。その比較を図2.5.2に示す。

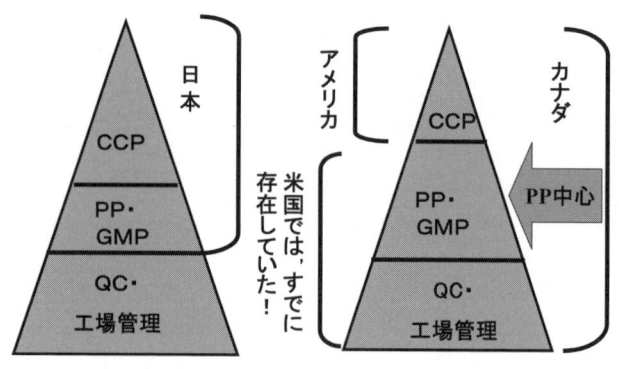

図2.5.2　HACCP概略範囲のいくつかの国での比較[4]

2.6　食品テロに対する対応

　高額なコストを投入した衛生管理システムでも、中国製ギョーザ事件のような食品に対するテロには、対応できないことを世間に知らせた結果となった。それは、中国で生産されたことが問題なのではなく、日本国内の製品であっても同じことなのである。すでに米国では、9.11事件以降食品に対するテロへの警戒が強化されている。2005年7月から、テロの脅威から国内の食料供給を保護するため、米国農務省（USDA）、米国医薬食品局（FDA）、米国国土安全保障省（DHS）および連邦捜査局（FBI）が、州や民間企業と協力して行う「Strategic Partnership Program Agroterrorism」が運用されている。

日本でも、2008年4月23日、食品危害情報総括官会議を開き、中国製ギョーザ中毒事件のような緊急時に対応するために、関係各省が平時からの情報共有やマニュアルに従った連絡体制などの整備を行うことになっている。5月には、2009年度の「消費者庁」創設に伴い、国は消費者信用と食品安全分野の関連法令をそれぞれ統合する新法を制定する方針を固めている。さらに国は原材料や賞味期限表示を義務付けた日本農林規格（JAS）法・食品衛生法・計量法などの表示関連部分を「食品表示法」の一つにまとめ、食品安全の総合調整事務を内閣府から消費者庁に移管することが政府内で合意された。しかし、食品安全委員会が所管する食品安全基本法の消費者庁への移管については、まだ結論が出ていないようである。

現在のところ食品行政は、厚労省・農水省だけでなく、そのほかのいくつかの官庁に分割されている。食品の安全は、国民の生活に直結し、非常に大きな影響を与えるものであるので、現実に対応した機関であることを期待する。やはり、グローバルに展開される食糧事情から見るとギョーザ事件のように、不特定の人物が意図的に食品へ毒物を混入したテロの場合では、一企業だけの問題ではなく、警察も国を超えて対応をしなければ、捜査することもできない難しさを露呈している。

参考文献

1) 石川馨　*TQCとは何か—日本的品質管理〈増補版〉*.（日科技連出版, 1984）.
2) ロバート・グラバーニ　*月刊HACCP* **2001**, 107.
3) 米虫節夫監修　*食品安全マネジメントシステム認証取得事例集1*.（日本規格協会, 2007）.
4) 奥田貢; 米虫節夫　*標準化と品質管理「特別企画　最近の食品事故・不祥事を科学する—管理の変化：食品衛生中心からTQMへ」* **2008**, *61*, 8.
5) ロバート・グラバーニ　*月刊HACCP* **2001**, 110, 既出文献2).

3. 抗菌性とその評価法

3.1 抗菌の定義と評価の視点

　抗菌加工の目的は、微生物による工業材料および製品の腐食や劣化・損傷を防止することと、材料表面を介する微生物感染を防止することに大別される。抗菌加工製品ガイドラインでは、抗菌とは「当該製品の表面における細菌の増殖を抑制すること」と定義されている[1]。この定義では、対象が細菌に限定されたため、抗菌にはカビなどの真菌類は含まれない。また、抗菌の及ぼす範囲も製品の表面に限定されている。

　抗菌の作用は、薬剤を用いた殺菌処理ほど強力ではないが、細菌の増殖を抑制し、その効果に持続性があるという特徴を持つ。すなわち、抗菌は表面に付着・侵入してくる不特定多数の細菌に対する防御的な作用であって、殺菌のように有害微生物を積極的に攻撃する作用ではない。抗菌性を再現性よく評価するためには、標準となる試験菌の選択から、試験菌の前培養と菌液の調製、試験片の調製、試験菌と試験片の接触条件、生菌数の測定、抗菌効果の評価に至るまで、基準となる操作法を設定する必要がある。特に、接触条件の設定がポイントとなる。

　抗菌加工製品は、抗菌剤自身の効力はもとより、実際に製品に加工された状態での効力の発現が重要になる。抗菌剤は、材料表面に対して種々の混練および表面処理加工法で付与される。抗菌性の発現は、加工製品表面での抗菌剤の濃度分布や化学結合状態により影響される。

　ここでは、HACCP対応型の抗菌硬質材料を想定して、非吸水性表面である金属製品、セラミックス製品、プラスチック製品の試験に適した抗菌性評価法の種類と基本操作について解説したのち、加工製品の表面分析法について触れてみたい。

3.2 抗菌剤の作用機構

抗菌性の評価法を考える上では、細菌細胞の構造と抗菌性の発現機構を理解しておくことも必要である。ここでは、無機系抗菌剤（金属イオン、光触媒酸化チタン）と有機系抗菌剤の抗菌機構について概説する。

3.2.1 細菌の細胞構造

細菌細胞が生命活動を維持するための必須の生理機能は、①遺伝情報の伝達（転写・翻訳）機能、②エネルギー代謝機能、③膜輸送機能である。これらの機能のいずれかが損傷を受けると、細菌の増殖は阻害されることになる。図 3.2.1 に、細菌（原核細胞）の構造と抗菌機構の模式図を示す。細菌細胞の周囲は、細胞壁と形質膜で被われており、その内側に細胞質がある。細菌のような原核細胞は、明確な膜に包まれた核（DNA）を持たない。また、エネルギー代謝の場所として、解糖系と TCA サイクルに関する代謝系は細胞質に存在し、電子伝達系は形質膜に存在する。すなわち、呼吸鎖を構成する酵素群や膜輸送に関与するタンパク質はすべて形質膜に局在する。そして、抗菌剤による形質膜（酵素、膜輸送、脂質二重層）の損傷、細胞質内へ透過した抗菌剤による酵素の不活化、さらには核酸の損傷が細菌の増殖の阻害要因となる。

3.2.2 金属の抗菌作用

金属の中には、抗菌性を示す材料があることはよく知られている。人体に対して安全性が高く、かつ抗菌性を示す金属としては、銀、銅、亜鉛、コバルト、ニッケルなどが挙げられる[2]。銀を除く各金属イオンは、微生物の増殖には必須の微量金属イオンであるが、増殖の必要量に対して多量に存在すると細胞の生命活動に有害な影響を及ぼす。

金属の抗菌性の発現は、基本的には極微量の金属がイオンとして溶出することが前提となる（図 3.2.1）。銀イオンは、S、N、O などを持つ電子密度の高い官能基と反応して溶解度の小さい塩や錯体を形成する[2,3]。特に、－SH

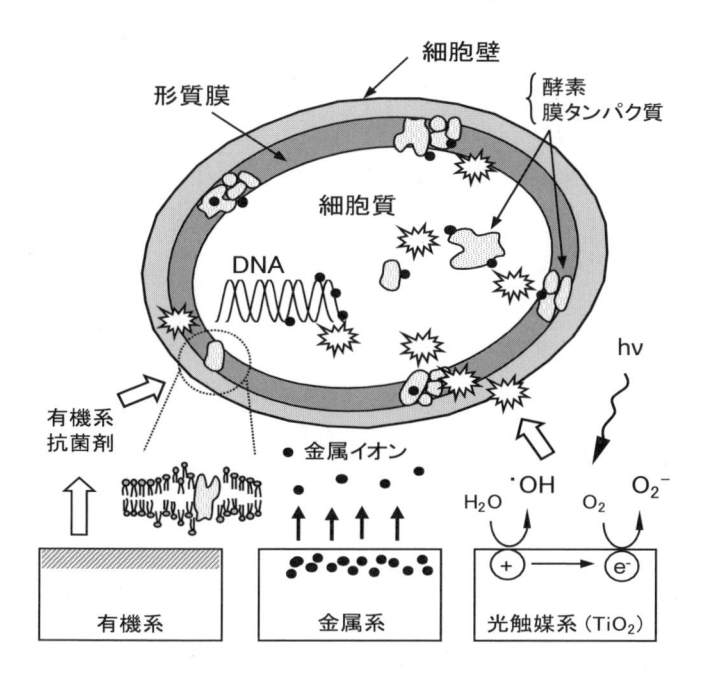

図 3.2.1　細菌細胞と抗菌機構の概念図

基（スルフヒドリル基）との結合親和性が高いことが知られている。呼吸系酵素群には−SH 基を含む酵素（SH 酵素）が存在するため、細胞内に進入した銀イオンは SH 酵素と結合し、これらの酵素活性を失活させる。同様に、銀イオンはその他の膜結合性タンパク質のアミノ酸残基、核酸（DNA、RNA）のプリン塩基などの−NH−基と結合して難溶性の塩を形成して機能の不活化をもたらす。こうして、細菌の増殖を阻害すると考えられている。また、銅、亜鉛、コバルト、ニッケルについても、基本的には銀イオンと同様の増殖阻害機構であろうと考えられている。その他の阻害機構として、好気条件下において銀や銅の触媒作用で生じる活性酸素種による抗菌作用も報告されている[4]。

3.2.3　有機系抗菌剤の抗菌作用

　有機系抗菌剤の作用は、基本的には形質膜への損傷が主体であり[5-7]、膜タ

ンパク質（酵素、膜輸送）の変性や、脂質二重層の流動性の増加および局所破壊が原因と考えられている（図 3.2.1）。有機系抗菌剤は種類が非常に多く、薬剤系と天然系を合わせて 20 種類以上の系列に分類される[5,8]。しかし、HACCP 対応型の食品製造機器を対象とすれば、人体に対して安全性の高い物質であること、食品が直接接触する表面に対しては食品添加物に指定された物質であることが要求される。

3.2.4 光触媒酸化チタンの抗菌作用

光触媒とは、特定波長の光を吸収して光励起し、そのエネルギーを反応物質に与えて化学反応を起こさせる物質の総称である。固体光触媒としては、酸化物・硫化物の半導体（TiO_2、Fe_2O_3、WO_3、CdS、ZnS）や金属担持セラミックス（Ag-・Cu-担持ゼオライト、Ag-担持リンジルコニウム）が知られているが、その中でも酸化チタン（TiO_2）が最も広く利用されている。

アナターゼ型酸化チタン（TiO_2）が太陽光や照明などの紫外線を受けて励起すると、伝導帯に電子が、価電子帯に正孔が生成し表面に拡散する。電子は吸着酸素に移行して O_2^- を生成し、正孔は吸着水を酸化して ・OH を発生する[9]。これらの活性酸素種が強力な酸化作用を発揮し、微生物の殺菌や有機物の分解に寄与する（図 3.2.1）。

3.3 培養の基本操作

私たちの身の回りには多種多様な微生物が互いに影響を与えながら集団叢として存在している。一方、抗菌試験で使用される微生物は決まっており、試験ではある特定の細菌のみを純粋に培養する必要がある。純粋培養を行う前に、培養に使用する器具の表面や栄養培地中に存在するすべての雑菌を殺滅するか取り除く、あるいは死滅させなければならない。これは滅菌と呼ばれており、使用目的に応じていくつかの方法が用いられている。ここでは、実際の抗菌試験を行う準備として、培地や器具類の滅菌操作、無菌操作、培養方法、試験菌の調製法について述べる。なお、各操作方法の詳細については、専門書を参照されたい[10-12]。

3.3.1 滅菌方法
ここでは、代表的な四つの滅菌方法を紹介する。
(1) オートクレーブ（高圧蒸気滅菌器）滅菌法

　ガラス器具や培地などの試薬に至るまで、滅菌可能なものは幅広く、実験施設で最も広く利用されている滅菌方法である。一般的には、121℃で15分間の条件で滅菌処理を行う。滅菌処理を確実かつ安全に実施するためには以下の点に注意が必要である。

① オートクレーブ内に一定量(底部のスノコが浸る程度)の水を入れる。水量が不十分である場合、「空炊き」状態になるので注意する。

② 滅菌対象となる器具、培地を入れたフラスコや試験管、試薬ビンなどを金属製のかごに入れ、オートクレーブ内のスノコに載せる。水滴の混入や濡れ、雑菌の混入防止のために、器具の口や綿栓はアルミホイルで覆う。

③ オートクレーブの蓋を閉め、目的の処理温度と時間を設定して電源（または熱源）を入れる。排気弁は、オートクレーブ内の空気が十分排気され、水蒸気で完全に置換されてから閉じる。

④ 滅菌終了後、庫内温度が80℃以下（液体の場合は60℃以下が望ましい）、内部の圧力が大気圧（1気圧）に戻っていることを確認した後、排気弁を開き、オートクレーブの蓋を開ける。

⑤ 火傷防止のため、蒸気の漏れには十分注意し、軍手などを着用して金属かごに入れた滅菌対象物を取り出す。

(2) ろ過滅菌法

　熱安定性の低い試薬（酵素、抗生物質、有機系抗菌材料など）溶液を滅菌する方法である。一般的には、孔径が0.20〜0.45μm程度のセルロース素材などのメンブレンフィルターを通過させて雑菌を取り除く。ろ過滅菌法は、工業生産で液体培地などを大量（例：1,000L単位）に処理する場合にも利用されている。

(3) 火炎滅菌法

　ガスバーナーやアルコールランプを使用し、炎の中であぶることによって滅菌する方法である。この操作は、菌の植え継ぎ時の白金耳を使用するとき、

あるいは試験管の綿栓や培地の入ったビンの蓋を開閉するときに行う。また、クリーンベンチや安全無菌箱といった雑菌の侵入を防止したスペースがない場合、火炎が作る上昇気流を利用して空気中にいる雑菌が落下してくるのを防御して作業することにも利用可能である。

(4) 乾熱滅菌法

いわゆる乾熱オーブンを利用して乾燥空気中で滅菌する方法である。オートクレーブに比べて高温処理が可能であるため、一般にガラス器具（ピペットやシャーレ）の滅菌に利用される。160〜180℃、2時間で処理するのが一般的である。

3.3.2 無菌操作

純粋培養に使用する培地やシャーレの準備が整ったら、次に評価に使用する試験菌を植菌する。この操作でも雑菌の混入（コンタミネーション）を防止しなければならない。そこで、植菌や試料（サンプル）を添加する操作は、クリーンベンチ（図3.3.1）や安全キャビネット内で実施する。

クリーンベンチ内で無菌操作を行う際には、最初に作業スペースをアルコ

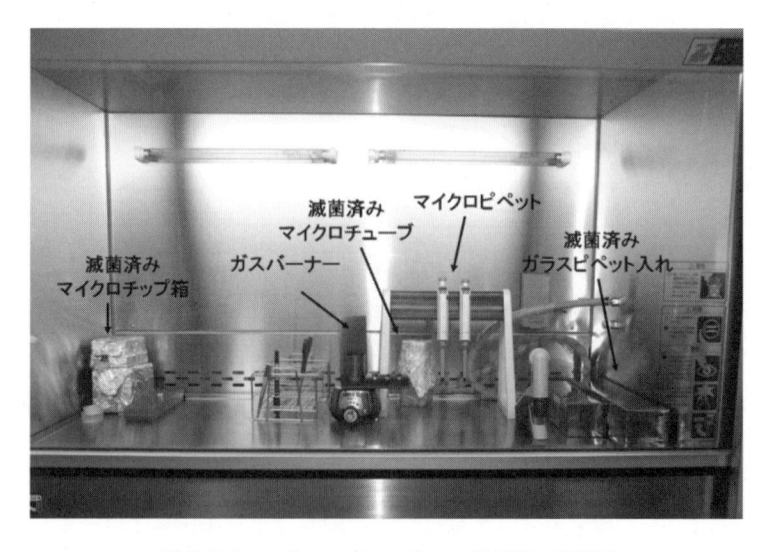

図 3.3.1　クリーンベンチ内での器具類の配置例

ールを含ませた脱脂綿などで消毒し、堆積した雑菌を取り除く必要がある。次に、クリーンベンチに必要なガラス器具やプラスチック類、培地などを持ち込むときにも霧吹きなどでアルコールを吹き付けて持ち込むようにする。もちろん、実際の作業を行う手指の消毒も必須である。なお、アルコールには 70%（v/v）エタノールを使用する。それは、この濃度が最も殺菌に効果があり、耐性菌も出現しないからである。

　クリーンベンチ内での無菌操作では、ガスバーナーの火炎の上昇気流を利用した物の配置を心がける。つまり、火炎の近くで植菌操作やシャーレなどの蓋の開閉を行うのが最もコンタミネーションの危険が少ないからである。逆に、火炎から離れたところには埃などが堆積しやすいため、コンタミネーションの危険が高くなる。なお、使用する白金耳やガラス器具類は、使用直前に火炎滅菌を行い、培地などが接触する部分を手指で触れないように注意する。

3.3.3　培養方法

　一般的には、インキュベーター（ふ卵器）と呼ばれる温度制御ができる装置内で培養する。培養温度は評価に使用する菌の種類によって異なるが、たいていの試験では中温性細菌を用いるため 35℃で培養する。評価に動物細胞を用いる場合には、二酸化炭素濃度を 5％に調整する必要があるため、外部から二酸化炭素を供給できる CO_2 インキュベーターを使用する。さらに、嫌気性菌を扱う場合や低酸素状態などの特殊環境下での培養が必要な場合には、マルチガスインキュベーターを用いる。これは、外部から窒素ガスと二酸化炭素ガスとを送り込んで庫内の酸素濃度を制御することができる。

3.3.4　試験菌の調製

　試験に用いる細菌の標準菌として、グラム陽性菌では黄色ブドウ球菌（*Staphylococcus aureus*）を、グラム陰性菌では大腸菌（*Escherichia coli*）が用いられることが多い[13-15]。当然のこととして、これらの試験菌はあくまで標準であり、すべての細菌を代表するわけではないが、通常の試験では安全性を考慮して、上記の 2 菌株の使用で十分である。

試験菌の培養には、一般に普通ブイヨン（イオン交換水 1,000 ml に対して肉エキス 3.0 g、ペプトン 10.0 g、塩化ナトリウム 5.0 g を溶解；pH 7.0〜7.2）の液体培地と寒天培地（1.5 g の寒天添加）を用いる。試験菌の前培養は、試験管内の斜面培地で保存した菌株から前培養用の斜面培地に 1 白金耳移植し、温度 35±1℃で 16〜24 時間培養する。同様の操作でもう一度斜面培地に移植して前培養する。この 2 回の前培養で試験菌の活性度をそろえる。この前培養菌から 1 白金耳量を取り、500 倍に希釈した普通ブイヨン培地に均一に分散させ、細菌数が 10^4〜10^6 CFU/ml のオーダーになるように調整する。有機物および塩素イオン非存在下において試験する場合は、単に（りん酸緩衝）生理食塩水に分散して調製する。一般に、細菌数は寒天栄養培地に形成されたコロニー数（Colony Forming Unit：CFU）とする。

3.3.5 試験片の清浄化

試験片の全面を、アルコールを吸収させた局方ガーゼまたは脱脂綿で軽く 2〜3 回拭いた後、十分に乾燥させる。ただし、アルコールによる清拭により試験片の表面に変化が起こる場合は、他の適切な方法を用いて清浄化する。特に金属材料の場合には加熱滅菌は避けたほうがいいことが多い。あらかじめその影響を検討し、適切な清浄化の方法を選択することが望ましい。

3.4 抗菌剤の抗菌性評価法

抗菌加工製品に使用する抗菌剤そのものの抗菌性を評価する標準法は特に定められていない。ここでは、研究室レベルの実験で採用されている一般的な評価方法について概説する[15]。

3.4.1 ハロー法

抗菌性の有無を簡便に評価する方法である。代表的な細菌の菌株を一定量含む標準寒天培地（10^6 CFU/15 ml）に抗菌剤あるいはその抽出液を載せ、所定の条件で培養した後、ハロー（生育阻止円）が形成されたものを抗菌活性陽性とする。陽性となった最大希釈率から活性値を半定量的に求めることが

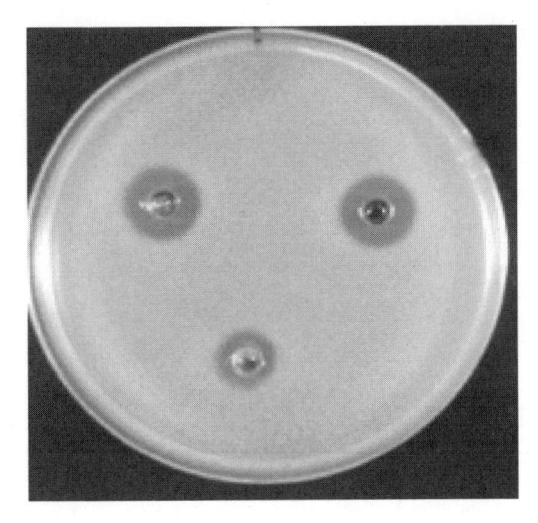

図3.4.1 Agar well diffusion assayによる乳酸菌バクテリオシンの抗菌活性試験で形成したハロー

できる。抗菌剤あるいはその抽出液を載せる方法には、寒天拡散法（agar well diffusion assay)、円筒カップ法、ペーパーディスク法、穿孔平板法などがある。図3.4.1に、乳酸菌のバクテリオシン活性陽性のハローの写真を示す。

3.4.2 最小発育阻止濃度（MIC）測定法

MICは、増殖系（培地中）において発育阻止を発現する最小濃度を示す。抗菌剤試料を100μg/mlを基準に順次2倍濃度または1/2濃度の系列で液体培地に添加した試験培地を調製する（坂口フラスコ、L字試験管）。これに液体培地で調製した試験菌液（$1.0 \sim 5.0 \times 10^4$ CFU/ml）を0.1ml添加し、温度35～37℃で24時間振とう培養（100rpm）する。肉眼観察により試験菌の発育を調べ、発育の認められない試料の最低濃度をMICとする。このMIC測定法は、液体培地希釈法と呼ばれている。

3.4.3 最小殺菌濃度（MBC）測定法

MBCは、所定の作用時間に、非増殖系水溶液中において試験菌株に対し

て殺菌効果が発現する最低濃度を示す。抗菌性の評価法として用いられているが、標準法はないようである。一例を示すと、滅菌したりん酸緩衝液、精製水、生理食塩水などで調製した菌液（$1.0 \sim 2.0 \times 10^5$ CFU/ml）の 1.0ml と2倍濃度系列で調製した試料材料懸濁液（水不溶性）1.0ml を混合し、温度 30 ± 1℃で1時間振とう作用（100rpm）させる。作用後、試験液 0.1ml を 10 倍希釈系列で希釈調整し、寒天平板培養法に供して 35～37℃で 48 時間培養する。形成されたコロニー数を計測し、菌の生育を認めない（CFU≦5）試料最低濃度を MBC とする。

3.5 抗菌加工試験片の抗菌性評価法

細菌を使用して抗菌加工を施した製品の表面の抗菌性を試験する方法は、繊維に関しては JIS L 1902：2002、繊維以外の製品については JIS Z 2801：2000（フィルム密着法）が国家規格として制定されている。ここでは、平板状および粒子状硬質材料の試験に適した抗菌性の評価法について解説する。

抗菌性の評価法は、抗菌加工試験片と試験菌とを接触させる操作法の違いで分類されており、試験菌の調製、接触後の菌体の洗い出し、培養、生菌数測定という手順は基本的には共通している。

3.5.1 フィルム密着法

フィルム密着法は、JIS Z 2801：2000[13]で制定されている方法であり、試験片（50mm×50mm の平板が標準）の表面に細菌の菌液を滴下し、その上に被覆フィルム（40mm×40mm が標準）を被せることを特徴としている。この方法では、親水性～撥水性の特徴を有する製品表面に対して、細菌との接触面積を被覆フィルムの大きさで設定できることや、菌液の蒸発を抑制できることが利点であり、汎用性の高い評価法である。

図 3.5.1 に、基本的な操作手順を示す。エタノール滅菌して風乾した試験片（無加工試験片3個と抗菌加工試験片3個）を滅菌シャーレに1枚ずつ入れ、菌液 0.4ml（$2.5 \sim 10 \times 10^5$ CFU/ml）を接種する。次に、ポリエチレン（PE）などの抗菌性のないフィルムを菌液の上に被せ、シャーレに蓋をした

3. 抗菌性とその評価法

0.4 mLの菌液を接種
($2.5 \sim 10 \times 10^5$ 個/mL)

試験片
(50×50 mm)

滅菌シャーレ

接種（上面図）

↓

PEフィルム
(40×40 mm)

フィルムで被覆（側面図）

↓

培養器（35 ± 1℃, RH > 90%）
24 ± 1 時間 保持

↓

10 mLのSCDLP培地で洗い出し

↓

10倍希釈系列希釈液の作製
（りん酸緩衝生理食塩水）

↓

各希釈液1 mLをシャーレに分注し、
溶解標準寒培地15〜20 mLと混合
（培地が固化した後、シャーレを倒置）

↓

35 ± 1℃で40〜48時間 培養

↓

コロニー形成数と希釈倍率
から生菌数を計算

コロニー

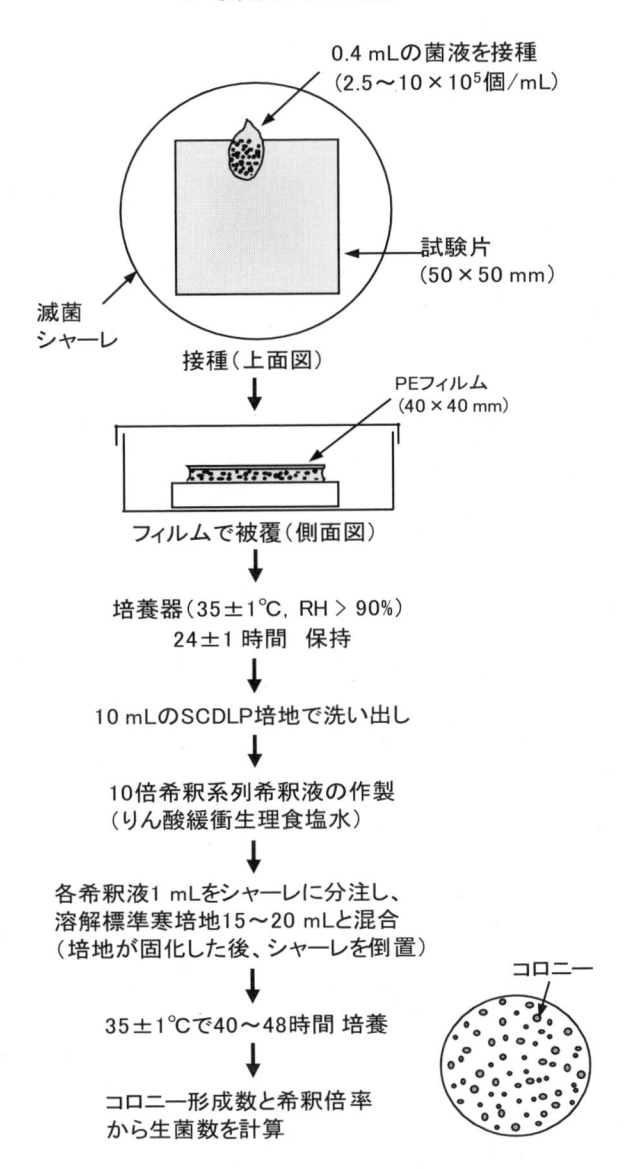

図 3.5.1　フィルム密着法（JIS Z 2801 : 2000）による抗菌試験

後、シャーレを温度 35±1℃、相対湿度 90％以上で 24±1 時間培養する。

培養後、SCDLP（Soybean-Casein Digest broth with Lecithin & Polysorbate 80）培地 10 ml で試験片および PE フィルムから菌体を洗い出す。この洗い出し液を、10 倍希釈系列で希釈調整し、寒天平板培養法に供して 35±1℃で 40～48 時間培養し、形成コロニー数から生菌数を計算する。

抗菌活性値は、24 時間接触後の無加工試験片または PE フィルム上の生菌数（対照区）の平均値（N_c）と抗菌加工試験片の生菌数の平均値（N_p）の対数値の増減値差で算出する。

$$抗菌活性値 = \log(N_c/N_p) \tag{3.5.1}$$

抗菌効果の評価の基準は、抗菌活性値が 2.0 以上（対照区の生菌数の 1％以下）となることである。なお、抗菌加工の目的や使用環境などを考慮して、2.0 を上回る数値を基準として用いてもよいとされている。

光触媒を利用した抗菌加工製品の場合[14]、試験片（無加工試験片 3 個と抗菌加工試験片 3 個）に菌液（$6.7 \times 10^5 \sim 2.6 \times 10^6$ CFU/ml）を 0.15 ml 接種し、密着フィルムを菌液の上に被せてシャーレに蓋をした後、シャーレを温度 25±5℃で 8 時間光照射（紫外線蛍光ランプ：300～380 nm）する。菌体の洗い出しと生菌数測定の操作はフィルム密着法と同様である。また、平行操作として、上記と同様に調製した試験片入りシャーレを温度 25±5℃で 8 時間、暗所にて保存した系で試験する。抗菌活性値は、(3.5.1) 式を用いて光照射および暗所保管試験片に対して算出する。抗菌効果基準は、抗菌活性値が 2.0 以上とする。また、光触媒抗菌加工製品の光照射による効果は、光照射の抗菌活性値から暗所保管の抗菌活性値を差し引いた値とする。

3.5.2　滴下法[16]

フィルム密着法の変法であり、試験片と試験菌液を接触させる際に、フィルムを被せる代わりに菌液 0.5 ml（$2.0 \sim 10 \times 10^5$ CFU/ml）を約 50 滴となるように接種する方法である（図 3.5.2(a)）。その後、シャーレに蓋をし、35℃、相対湿度 90％以上で 24 時間培養し、SCDLP 培地 10 ml で菌体を洗い出す。この後の操作および抗菌効果の評価は、フィルム密着法に準ずる。この方法は、フィルム密着法と比較して、菌液を均一に広げられないために液滴の接

触面積にバラツキが生じることがあることと、乾燥による菌液の飛散により死滅が起こることもあるので、評価する際には注意が必要である。

3.5.3 シェーク法 [17]

試験片が平板状でないか、表面が平滑でない場合の評価に適する。この方法は、従来は繊維製品を対象とした評価方法であるが、硬質表面材料にも適

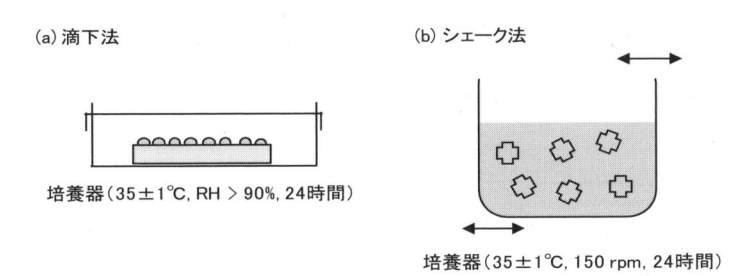

(a) 滴下法

培養器（35±1℃, RH > 90%, 24時間）

(b) シェーク法

培養器（35±1℃, 150 rpm, 24時間）

(c) 浸漬試験法（ディップ法）

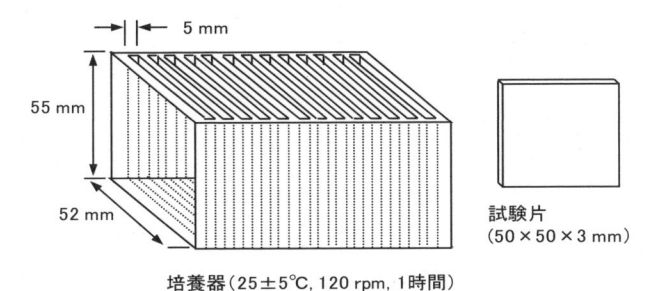

5 mm
55 mm
52 mm

試験片
(50×50×3 mm)

培養器（25±5℃, 120 rpm, 1時間）

(d) ハロー法

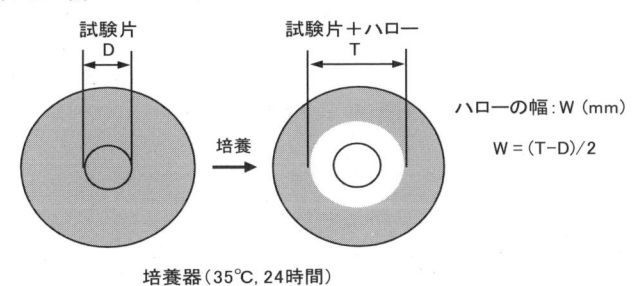

試験片
D

→ 培養 →

試験片＋ハロー
T

ハローの幅：W (mm)

$W = (T-D)/2$

培養器（35℃, 24時間）

図 3.5.2　種々の抗菌性の評価

用できる。PE 袋（70mm×100mm）に 1/500 ブイヨン培地菌液 10ml を入れ、$1.0～5.0×10^5$ CFU/ml となるように試験菌を接種した後、空気 30ml、試料を入れてヒートシールし、35℃で 24 時間振とう培養（150rpm）した後に生菌数を計測する。金属試料片の場合は、振とうにより試料が PE 袋を破る危険性があるので、滅菌コップを用いたほうが安全である（図 3.5.2(b)）。生菌数の測定および抗菌効果の評価は、フィルム密着法に準ずる。

3.5.4 浸漬試験法（ディップ法）[17]

シェーク法を改良した方法で、板状試料片の評価を対象としている。PE 袋を用いる代わりに、滅菌処理したポリスチレン（PS）製ケースを用いる（図 3.5.2(c)）。PS 製ケース内はいくつかのセルに分かれており、りん酸緩衝液 5ml と菌液 1ml（10^4 CFU/ml）を入れた各セルに試料片（50mm×50mm×3mm）を浸漬後、透明ビニールで蓋をして 25℃で 1 時間振とう培養（120rpm）する。接触時間が短いので、きわめて速効性の高い試料に適している。生菌数の測定および抗菌効果の評価は、フィルム密着法に準ずる。

3.5.5 ハロー法 [17]

菌液 1ml（10^6 CFU/ml）をシャーレに入れた後、標準寒天培地 15ml を注いで均一に拡散固化させた培地上に直径 28mm の円形試料片または相当の正方形試料片を載せる。35℃で 24 時間培養した後に、試料片の周りに形成されるハローの大きさで抗菌力を定性的に評価する（図 3.5.2(d)）。この方法は、溶出型の抗菌剤を用いた製品に適しており、簡便に抗菌効果を判定することができる。

3.6　実環境での抗菌性評価法

研究室レベルの実験で抗菌性を見出せても、実環境で効果が発揮されていなければ、抗菌機能化された材料とは言い難い。そこで、抗菌加工材料の適用現場では定期的な微生物検査が必要となる。ここでは、実際に現場で実施されている簡便な評価法について解説する [18]。

3.6.1 拭き取り法（スワブ法）

対象とする表面を滅菌水で湿らせた滅菌綿棒で拭き取り、表面に付着した微生物を採取する方法である。滅菌綿棒の代わりに、滅菌ガーゼを使用する場合もある。拭き取り後の綿棒またはガーゼを、滅菌希釈水（生理食塩水）を入れた試験管内に移し、攪拌操作により希釈水中に遊離させる。遊離した菌懸濁水を対象に、寒天平板培養法に供して生菌数を計算する。また、最近では、採取した菌懸濁水中に含有されるATP量を汚染指標として、存在微生物量を評価する方法（ATP法）が採用されている。拭き取り法は、最も簡便かつ有効な方法であり、対象の形状を問わず実施できることと、検出菌数に応じて拭き取り面積を調節できるという利点があるが、作業者の操作性に依存して評価結果に誤差が生じる場合がある。

3.6.2 スタンプ法

対象とする表面に寒天培地を直接押し当て、培地上に付着回収した微生物を培養する方法である。市販のスタンプキットは、プラスチック容器から培地面が突出して凝固しており、この突出面を押し当てて使用する。簡便な評価方法であるが、スタンプ面が狭い（$10\mathrm{cm}^2$）、平面でないと使用できない、押し付ける力によって結果が左右されるなどの操作上の問題点もある。

3.6.3 真空吸引法

対象とする表面にノズルを当てて吸引し、フィルター上に付着菌を採取して、培養後に生菌数を計測する方法である。乾燥した表面からの微生物の採取に利用されているが、水分の多い湿潤面からの採取には向いていない。

3.7 表面分析法

表面分析といっても、その表面の何を知りたいか、あるいはプローブとして何を利用するかによって、実に様々な方法がある。知りたい情報としては、表面の形態、元素組成、結晶構造などが挙げられる。また、励起源としてはX線、紫外線、赤外線などの電磁波や電子線、イオンビームを用い、物質と

32   3. 抗菌性とその評価法

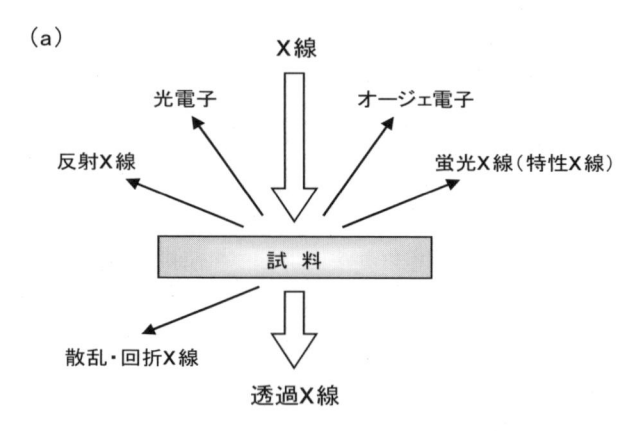

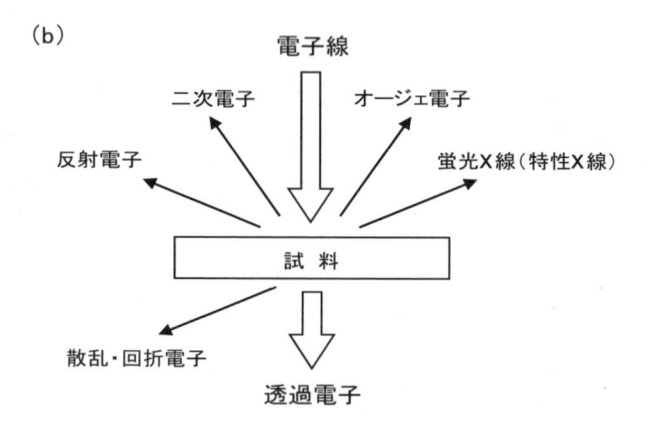

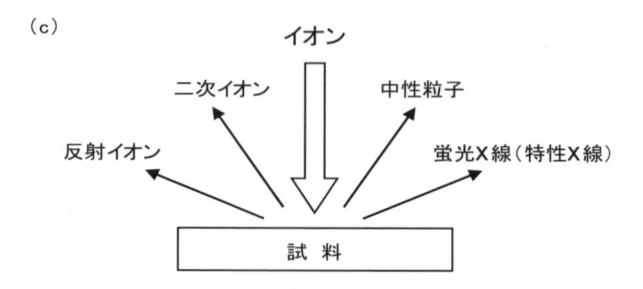

(a)
- X線 → 試料
- 光電子
- オージェ電子
- 反射X線
- 蛍光X線（特性X線）
- 散乱・回折X線
- 透過X線

(b)
- 電子線 → 試料
- 二次電子
- オージェ電子
- 反射電子
- 蛍光X線（特性X線）
- 散乱・回折電子
- 透過電子

(c)
- イオン → 試料
- 二次イオン
- 中性粒子
- 反射イオン
- 蛍光X線（特性X線）

図 3.7.1　各種プローブと物質の相互作用。(a) X線、(b) 電子線、(c) イオンビーム

3. 抗菌性とその評価法

の相互作用によって発生する電子や光などの信号を検出する。図 3.7.1 には、X 線、電子線、イオンと物質の相互作用を模式的に示した。また、表 3.7.1 には、それらを励起プローブとして用いた代表的な表面分析法をまとめた。ここでは、表 3.7.1 に挙げた方法の中から、励起プローブごとに、抗菌材料表面の元素組成や化学結合状態を知るために有用と思われる分析手法を取り

表 3.7.1　X 線、電子線、イオンビームを用いた代表的な固体表面分析法

励起源	検出信号	表面分析法 （英語名と略称）	得られる 主な情報
X線	光電子	X線光電子分光法 （X-ray Photoelectron Spectroscopy: XPS）	元素同定 化学組成 化学結合状態
	蛍光X線 （特性X線）	蛍光X線分光法 （X-ray Fluorescence Analysis: XRF）	元素同定 化学組成 化学結合状態
	反射X線	X線反射率法 （X-ray Reflectometry: XR）	膜厚 屈折率 界面粗さ
電子	オージェ電子	オージェ電子分光法 （Auger Electron Spectroscopy: AES）	元素同定 化学組成 化学結合状態
	蛍光X線 （特性X線）	電子線プローブマイクロアナリシス （Electron Probe Micro Analysis: EPMA）	元素同定 化学組成 化学結合状態
	二次電子	電子エネルギー損失分光法 （Electron Energy-Loss Spectroscopy: EELS）	元素同定 化学組成 化学結合状態
	二次電子	走査型電子顕微鏡法 （Scanning Electron Microscopy: SEM）	表面形態
	透過電子	透過型電子顕微鏡法 （Transmission Electron Microscopy: TEM）	表面形態 結晶構造
	反射電子	低速電子線回折法 （Low Energy Electron Diffraction: LEED）	結晶構造
	反射電子	反射高速電子線回折法 （Reflection High Energy Electron Diffraction: RHEED）	結晶構造
イオン	二次イオン	二次イオン質量分析法 （Secondary Ion Mass Spectroscopy: SIMS）	成分同定 化学組成
	反射イオン	イオン散乱分光法 （Ion Scattering Spectroscopy: ISS）	元素同定 化学組成

上げて概説する。なお、測定の原理や方法、データ解析法などの詳細については、優れた専門書が数多く出版されているので、それらを参照されたい[19-21]。

3.7.1 X線を用いた表面分析法
(1) X線光電子分光法（X-ray Photoelectron Spectroscopy：XPS）

物質に照射されたX線のエネルギーが、電子殻にある電子の結合エネルギーよりも大きい場合には、X線のエネルギーを吸収して励起した電子が遊離する（図3.7.2）。X線は電磁波であり光の一種であるので、X線を当てて電子が発生する上述の過程は光電効果と呼ばれ、その結果発生した電子は光電子と呼ばれる。XPSでは、固体試料にX線を照射した際に、表面から発生する光電子のエネルギーと強度を測定することにより、表面に存在する元素の同定や存在量、化学結合状態に関する情報を得る。照射するX線のエネルギーを $h\nu$、光電子の運動エネルギーを E_k、結合エネルギーを E_b、分光器の仕事関数を φ とすると、これらの間には次の関係が成り立つ。

$$h\nu = E_k + E_b + \varphi \tag{3.7.1}$$

したがって、エネルギー $h\nu$ を持つX線を照射し、仕事関数が φ の分光器を用いて、光電子の運動エネルギー E_k を測定することにより、その電子が試

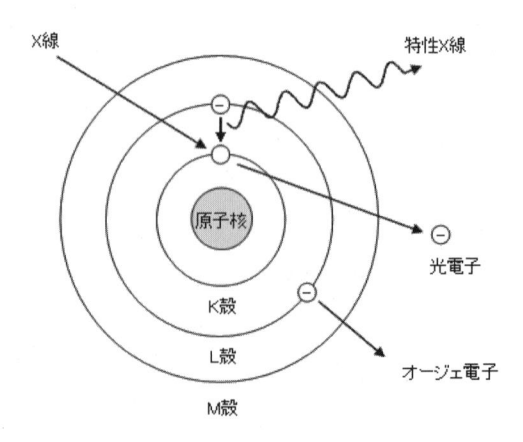

図3.7.2　X線照射による光電子、オージェ電子、特性X線発生の模式図

料中で束縛されていたエネルギー（結合エネルギー）E_b を知ることができる。物質中の電子は、量子化されたエネルギー準位に束縛されているので、結合エネルギーの値はとびとびの値を取る。E_b を横軸に、検出された強度（単位時間当たりに検出された光電子数）を縦軸にプロットした XPS スペクトルでは、各電子の結合エネルギーの位置にピークが現れる。

　入射 X 線は、試料の表面から深く侵入し、固体内部で光電子を等方的に発生させる。しかし発生した光電子は、試料中を進行して表面から脱出するまでの間に、ある確率で他原子と衝突し、その電子を励起して運動エネルギーの一部を失う。この過程は非弾性散乱と呼ばれており、この散乱を繰り返し起こすために、深い位置で発生した光電子は表面から脱出できなくなる。ある深さで発生した光電子のうち、非弾性散乱を受けずに表面から脱出できる割合は、表面からの深さに対して指数関数的に減少する。発生した光電子の数が $1/e$ になる深さは減衰長さ（Attenuation Length：A_L）と呼ばれ、それに検出器の方向を考慮したものが脱出深さ（Escape Depth：E_D）である。両者の間には、試料表面に対する検出器の角度を θ として、$E_D = A_L \sin\theta$ の関係がある。減衰長さは電子のエネルギーや試料の材質によって異なるが、数Å〜3nm くらいであり、このため XPS は表面に敏感な分析法である。

　XPS スペクトルでは、同一元素であっても、酸化数や周りの化学的環境が異なると、元素単体の結合エネルギーからずれたところにピークが現れる。このピーク位置の移動は化学シフトと呼ばれており、その量から、試料がどのような化学結合状態にあるのかを推定することができる。このことから、XPS は、ESCA（Electron Spectroscopy for Chemical Analysis）とも呼ばれる。

(2) 全反射蛍光 X 線分析（Total Reflection X-ray Fluorescence Analysis：TRXRF）

　X 線を固体表面に照射し、光電子が放出された後には、空孔が生じる。この空孔に、より外殻の電子が遷移し原子は安定化するが、この遷移過程では、準位間に相当するエネルギーを電磁波として放射するか、外殻準位にある電子をオージェ電子として放出する。前者の過程によって放出される電磁波は、そのエネルギーが X 線の波長域にあることから、蛍光 X 線（特性 X 線）と

呼ばれる。X線を励起源とし、試料から放出される蛍光X線を検出する分析法は、蛍光X線分析（X-ray Fluorescence Analysis：XRF）と呼ばれる。元素の電子軌道準位のエネルギーは元素に固有であるので、蛍光X線のエネルギーも元素に固有である。そこでXRFでは、放出される蛍光X線のエネルギーを測定することにより、試料に含まれる元素を同定する。また、蛍光X線の強度を測定することにより、元素の存在量に関する情報を得る。蛍光X線のエネルギーを横軸に、その強度を縦軸にとってXRFスペクトルとする。また、蛍光X線のエネルギーは厳密には化学結合状態によってわずかに変化することから、エネルギー分解能のきわめて高い分光器を用いて分光すると、ピークのシフト量から化学結合状態を解析することができる。

　蛍光X線の分光系としては、分光結晶によりブラッグの回折の法則を利用して分光する波長分散型（Wavelength Dispersive X-ray Spectrometer：WDX）、またはエネルギー分解能力を持つ半導体検出器を使用するエネルギー分散型（Energy Dispersive X-ray Spectrometer：EDX）がある。

　XRF法のうち、入射X線の全反射現象を利用した方法を、全反射蛍光X線分析法（TRXRF）と呼ぶ。全反射とは、滑らかな表面を持つ試料に対して、表面すれすれの角度でX線を入射させると、試料内部にほとんど侵入することなく表面で反射される現象のことである。TRXRFでは、単色化された平行X線を全反射条件で表面に入射し、表面層のみから蛍光X線を発生させることで、表面分析を行うことができる。

3.7.2　電子線を用いた表面分析法
(1) オージェ電子分光法（Auger Electron Spectroscopy：AES）

　オージェ電子は、X線以外に、電子線を試料に照射した場合にも発生する。オージェ電子分光法では、入射プローブとして電子線を用い、発生したオージェ電子の運動エネルギーと強度を測定することにより、固体表面に存在する元素の種類と量を解析する。オージェ電子の名前は、それが発生した過程に基づいて付けられている。例えば、電子線を固体試料に照射することによって、原子のK殻に空準位が生じ、それを埋めようとL殻（エネルギー準位L_1）の電子が遷移し、この準位間のエネルギー差を受けて、L殻（$L_{2,3}$）か

ら電子がオージェ電子として原子外に放出されたとすると、この放出された電子は KLL オージェ電子と呼ばれる。

電子線は、細く絞ることが可能であるため、AES では、表面の局所領域の測定や、電子線の走査による線分析や面分析が可能である。オージェピークはなだらかなバックグランドの上に小さく現れることが多いため、通常は、微分をすることによりピークを強調させて検討することが多い。また、原子の化学結合状態に依存して、オージェスペクトルの形状とエネルギー値が変化するケミカルシフトが観測されることから、化学結合状態に関する情報も得られるが、三つの準位の変化が関係するため、一般にその解釈は XPS の場合ほど容易ではない。

(2) 電子線プローブマイクロアナリシス（Electron Probe Micro Analysis：EPMA）

XRF では入射プローブとして X 線を用いたが、EPMA では電子線を試料に照射して放出される蛍光 X 線のエネルギーを測定して表面の組成分析を行う。電子線を用いる利点は、細く絞ることができるので、表面の局所分析が可能となることである。また、電子線を照射した際には二次電子や反射電子も発生するので、それらを観察する走査型電子顕微鏡（SEM）を併用することにより、形状と元素分布を対応させて解析することが可能である。蛍光 X 線の分光器系としては、XRF と同様に、波長分散型とエネルギー分散型がある。

3.7.3 イオンビームを用いた表面分析法

二次イオン質量分析法（Secondary Ion Mass Spectroscopy：SIMS）

アルゴンや酸素、セシウムなどのイオン（一次イオン）ビームを固体試料表面に照射すると、その衝撃により結合を切断された原子や原子団が、中性粒子または正や負にイオン化された粒子（二次イオン）として放出される。この過程をスパッタリングと呼ぶが、SIMS ではスパッタリングによって放出された二次イオンの質量と数を分析することにより、表面の組成分析を行う。細く収束させた一次イオンビームを用いることで、局所分析や走査分析が可能である。質量分析の方法としては、二重収束磁場型、四重極型、飛行

時間型が一般的に用いられている。また、一次イオンビームの電流密度を上げて、スパッタリング速度を速くして、深さ方向の組成変化を解析する方法や、それとは逆に、スパッタリング速度を下げて極表面層の組成を分析する方法がある。

3.8 おわりに

ここでは、硬質表面の抗菌加工製品を対象とした抗菌性の評価法を中心に解説した。抗菌加工製品は、目的、用途、適用環境などが様々であり、どの評価法が最適であるかを定めることは難しい。評価する材料の形状、抗菌成分の特性、抗菌力の強さ、操作の簡便性を基準に、できるだけ再現性のある結果が得られる評価法を採用することを勧める。

参考文献

1) 通商産業省生活産業局編　抗菌加工製品ガイドライン, 1999.
2) 高山正彦　防菌防黴 **1996**, *24*, 561.
3) 椿井靖雄　多様化する無機系抗菌剤と高度利用技術. p.25（産業技術サービスセンター, 1997).
4) 高麗寛紀　防菌防黴 **1996**, *24*, 509.
5) 高麗寛紀　抗菌・防黴剤の使用技術と抗菌力試験・評価. p.21（技術情報協会, 1996).
6) 土戸哲明; 松村吉信　洗浄殺菌の科学と技術, サイエンスフォーラム, 2000.
7) 山下勝　防菌防黴 **2009**, *36*, 241.
8) 内堀毅　抗菌・抗カビ剤の検査・評価法と製品設計. p.187（エヌ・ティー・エス, 1998).
9) 藤嶋昭　応用物理 **1995**, *64*, 803.
10) 日本生物工学会編　生物工学実験書改訂版. p.85（培風館, 2003).
11) 青木健次編著　微生物学. p.15（化学同人, 2007).
12) J.F.ウィルキンソン. 大隈正子監訳, 小堀洋美・大隈典子共訳　微生物学入門. p.5（培風館, 2006).
13) 日本工業規格　抗菌加工製品－抗菌性試験法・抗菌効果　JIS Z 2801:2000（日

本規格協会, 2000).
14) 日本工業規格　ファインセラミックス－光照射下での光触媒抗菌加工製品の抗菌性試験方法・抗菌効果　JIS R 1702:2006 (日本規格協会, 2006).
15) 高山正彦　*防菌防黴* **1997**, *25*, 163.
16) 抗菌製品技術協議会　会則・規格・諸規定, 付録. p.21 (1998年版).
17) 檜山圭一郎. *抗菌・防黴剤の使用技術と抗菌力試験・評価*. p.211 (技術情報協会, 1996).
18) 金子誠一　*微生物の簡易検査法*. p.45 (衛生技術会, 1980).
19) 吉原一紘; 吉武道子　*表面分析入門*. (裳華房, 1997).
20) 吉原一紘　*入門表面分析－固体表面を理解するための－*. (内田老鶴圃, 2003).
21) 田中庸裕; 山下弘巳　*固体表面キャラクタリゼーションの実際－ナノ材料に利用するスペクトロスコピー*. (講談社, 2005).

4. 材料と微生物の相互作用
－抗菌とバイオフィルム－

4.1 はじめに

　環境中に存在する微生物は、固体表面（ここでは材料表面）に接触し、付着し、増殖活動を行う。この際、EPS（Extracellular Polysaccharides、細胞外多糖）と呼ばれる物質を分泌するが、これがバイオフィルムの構成要素となるものである。

　お風呂の浴槽や台所の流しに見られるネバネバとしたぬめりもバイオフィルムと呼ばれるものの一種である。これらは、まさに、増殖した微生物とそれらが分泌した EPS によって形成される微生物の集合体であり、微生物の生活の場となっている。

　我々の生活環境中の材料表面に形成されるこのようなバイオフィルムは、不衛生さを象徴する現象ともいえるが、時として人間社会に脅威をもたらすこともある。

　ここでは、金属表面のバイオフィルムと、そのようなバイオフィルムが構造物に及ぼす被害、すなわち微生物腐食について少し焦点を当ててみてみたい。

4.2 金属表面のバイオフィルム [1,2]

　自然環境中において金属の表面が水と接すると、各種イオンや有機物が短時間のうちに金属表面に吸着しコンディショニングフィルム（conditioning film）と呼ばれる薄い層を形成する（図 4.2.1）。続いて、水層に浮遊している細菌細胞（planktonic bacterial cells）がコンディショニングフィルムに

第1段階
コンディショニングフィルムの形成

浮遊細菌細胞
コンディショニングフィルム
基質

第2段階
細菌の付着

付着細菌細胞

第3段階
付着細菌細胞の増殖と
細胞外多糖類の生成

細胞外多糖類

成長したバイオフィルム

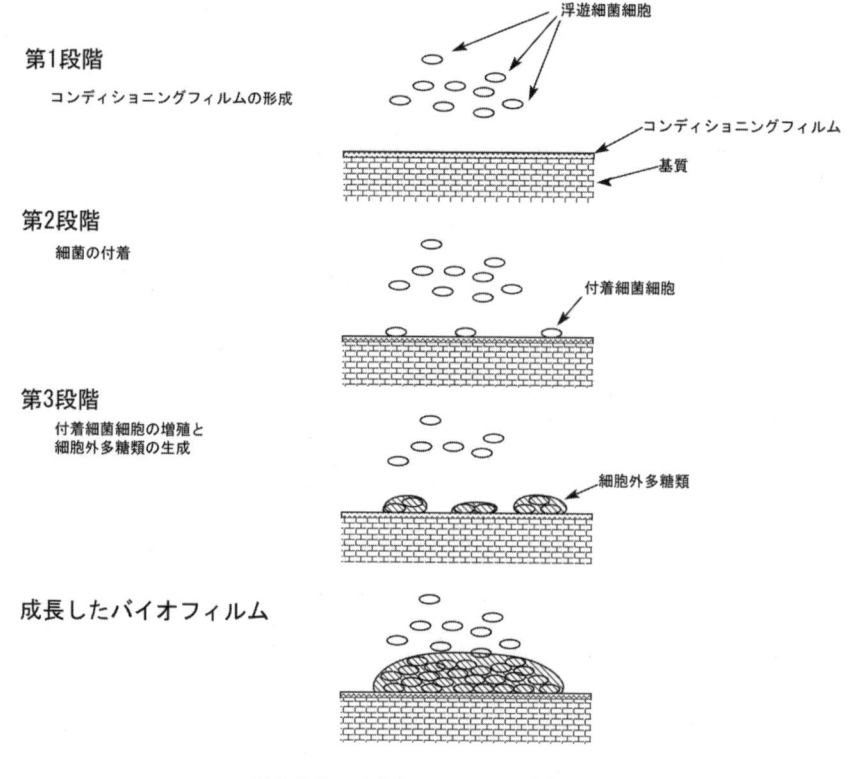

図 4.2.1　バイオフィルムの形成過程

吸着する。吸着した細菌細胞（cessile bacterial cells）は増殖するとともに細胞外多糖を生産する。このようにしてバイオフィルムが形成される。

　ここで EPS は細菌細胞を他の細菌細胞、コンディショニングフィルムや基質につなぎとめる接着剤として機能する。これにより、細菌細胞はバイオフィルムを形成することができる。また、接着剤としての機能の他にも、EPSは速い流れや、流れによって運ばれてくる異物からバイオフィルム内の細菌細胞を守る物理的なシェルターとしての機能を有する。時として、殺菌剤などの化学物質から細菌細胞を守る化学的なシェルターとしての機能も有するため、人間には好ましくない結果がもたらされることもある。

　一般に、バイオフィルムは単一種の細菌細胞によって構成されることはな

4. 材料と微生物の相互作用

い。むしろバイオフィルムは、多種多様な細菌細胞が相互に影響を及ぼし合いながら生息する共生の場と考えるべきである。例えば、ある種の菌と、その菌の代謝により生産される物質を栄養分として取り入れる細菌がバイオフィルムで共生していることが観察されている。

栄養となる物質のほかにも酸素の供給とその消費はバイオフィルム内に生息する菌の種類とその分布に影響を及ぼす（図 4.2.2）。水と接する表面付近のバイオフィルム内は酸素をある程度含んだ好気的環境にある。この部分には、生息に酸素を必要とする好気性菌や酸素がある環境でも生息することができる通性嫌気性菌が生息する。これらの細菌により酸素が消費されるため、バイオフィルム内部に向かうに従い、酸素濃度は低下する。酸素濃度の低下に従い、生息に酸素を必要としない細菌が占める割合が多くなり、酸素濃度がほぼゼロとなる場所には、酸素が存在すると生息できない変性嫌気性菌が生息する。これは、表面付近に生息する好気性菌は自身が酸素を消費することにより、嫌気性菌が生息できる環境をバイオフィルム内で提供しているとも考えられる。

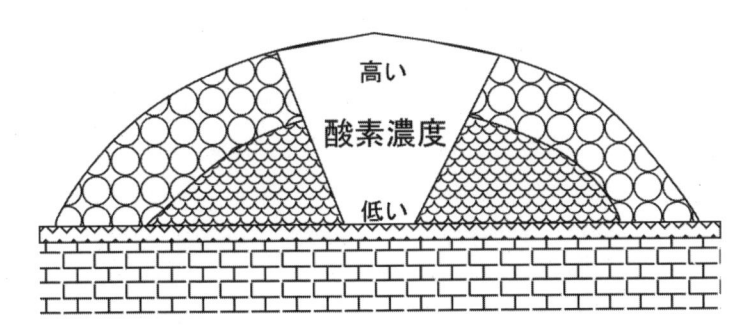

図 4.2.2　バイオフィルム内の酸素濃度分布

このように、バイオフィルムを構成する菌は無秩序に生息するのではなく、バイオフィルム内でそれぞれの菌が機能を発揮した集合組織（コンソーシア）を形成している。そしてコンソーシアを形成している菌の種類とバイオフィルム内での分布は、バイオフィルムを取り巻く環境、例えば温度や溶質などの変化に応じて時々刻々変化する。

バイオフィルム内での微生物の生存活動に伴う、諸種の化学的反応が起こる。ステンレス鋼は我々が生活環境で身近に接する材料の代表でもあり、通常、我々に身近な錆びない材料の代表として存在する。しかし、ある種の微生物の存在とそれらの活動に優位な条件が整った場合（バイオフィルムが形成された場合）には、ステンレス鋼においてもきわめて大きな速度で腐食が起こることが知られている。これが微生物腐食と呼ばれる現象である。

4.3 微生物腐食

微生物腐食とは、自然環境中の生態系を構成する微生物の活動により、直接的、あるいは間接的に誘起される材料の腐食劣化現象である[3-5]。構造用金属材料分野では、炭素鋼、銅合金、アルミニウム、ステンレス鋼などで発生例が確認されている[4-6]。この腐食の特徴は、材料が腐食影響を受けにくいと予想される中性・常温・常圧の環境（マイルドな環境）でも、微生物の生育条件が満たされると、異常な速度で材料に大規模な腐食影響がもたらされる点にある。ステンレス鋼も例外ではなく、特に溶接部が影響を受けやすく、この場合の腐食速度は18〜30mm/yearに及ぶとの報告もある[7]。

微生物腐食として注目されている事例は、化学、エネルギー、パルプ・紙工業、金属加工、石油などの工業プラント、あるいは海洋構造物などである。特にエネルギープラントにおける被害は重大である。石油関連施設において2007年にアラスカで、米国に原油を供給するオイルパイプラインの操業が、微生物腐食により停止するという事態が発生した[8]。この被害は、米国が必要とする原油の8%を不足させる事態に及んだといわれている。このように、微生物腐食が与える経済的損失は重大であり、損害は、世界累計で年間30〜50億ドルにもなるといわれている[9]。

微生物腐食において、生物学的な活性がどのように腐食過程で作用しているのか、一方、どのようにして微生物腐食と環境中に起こる腐食とを明確に区別できるかなどは十分に理解できていないといわれている[10]。むしろ、微生物腐食として確認される微生物の作用は、通常環境で起こる腐食を促進させるものとして理解されるべきと考えられる。

金属材料の腐食の原因となる微生物の存在が最初に意識されるようになったのは、今から約 100 年前のことであり、当初は鉄酸化細菌（IOB：Iron Oxidizing Bacteria)、硫黄酸化細菌（SOB：Sulfate Oxidizing Bacteria)、鉄細菌（IB：Iron Bacteria）および硫酸塩還元菌（SRB：Sulfate Reducing Bacteria）などの作用が原因として注目されてきたが、近年では、好気性環境に生息する一般微生物をも視野に入れた検討が進められるようになっている[11-15]。特に好気性の微生物が金属表面でコロニーを形成した際の代謝物質の濃化、酸素濃度差による局所的腐食環境の創出や、酸素消費による酸素濃度勾配の形成、あるいは、細胞外多糖による金属イオンの補足などを考慮した検討である[16]。近年では、分子微生物学の立場からも積極的に取り組まれるテーマとなってきている[17,18]。

4.4 溶接部における微生物腐食事例

微生物腐食は炭素鋼、ステンレス鋼、銅合金およびアルミニウム合金など多くの構造用材料で発生しているが、特にステンレス鋼溶接部での被害が報告されるケースが多い。

図 4.4.1 は、エネルギープラント冷却用配管系の事例である[19]。SUS 316L 鋼製配管の溶接部で、溶接線方向に直角な切断面である。内面の液体と接触していた溶接金属と熱影響部が大きく腐食されている。腐食発生部の SEM

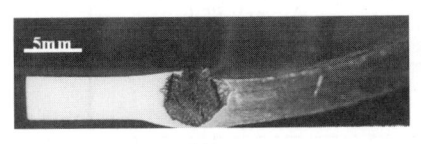

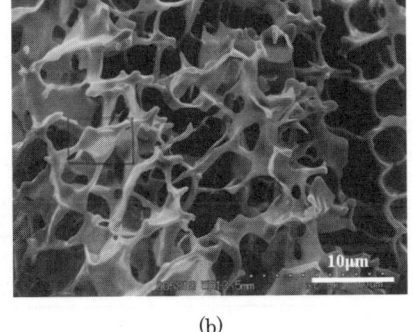

(a)　　　　　　　　　(b)

図 4.4.1　エネルギープラント冷却用配管系の微生物腐食による損傷例[19]

観察では、微生物腐食でよく観察されるオーステナイト相の選択腐食が確認された。冷却水は中性で常温であったが、施工後間もなく溶接部で液漏れが発見された。当初は溶接欠陥の可能性が疑われたが、再調査の結果、施工不良の可能性は低いと判断された。実験室での再現実験の結果からは、実機同様の腐食が確認されたことから、微生物腐食と判断されたケースである[13]。

4.5 腐食機構

材料が未殺菌の水溶液、原油、土壌などに接触すると、表面には微生物が付着し、材料との界面で直接あるいは間接的に化学的な反応（生化学反応）が生じ、時には微生物腐食を発生させる。金属の腐食影響が、このような生化学反応に由来するものであるとしても、原理的には、電気化学的反応として理解可能である。

前述した硫酸塩還元菌については、1934年に、von Wolzogen Kührらにより嫌気的環境下での腐食機構"カソード復極説"が提唱されている。これは、"Classic theory"としてしばしば引用されるもので、SRBが有するヒドロゲナーゼにより、陰極の水素が消費され、金属の腐食が促進されるとするものである[20]。

一般細菌については、ステンレス鋼を対象に検討されている。例えば、電位を人工海水中と自然海水中とで比較すると、後者において電位の貴化が顕著であることが知られている。腐食電位の貴化は、局部腐食感受性の増大を示す現象である。表4.5.1は、各海域での電位計測の結果である[21]。鋼種によらず+0.3〜0.4V vs. SCE程度の貴化が認められる。ダム湖水などの淡水環

表4.5.1 様々な海域での各種材料の自然浸漬電位

Stainless steel	E_{corr} mV SCE
Type 316	+195
254 SMO	+300
26Cr-23Ni-4Mo	+400
904L	+200
21Cr-3Mo	+350

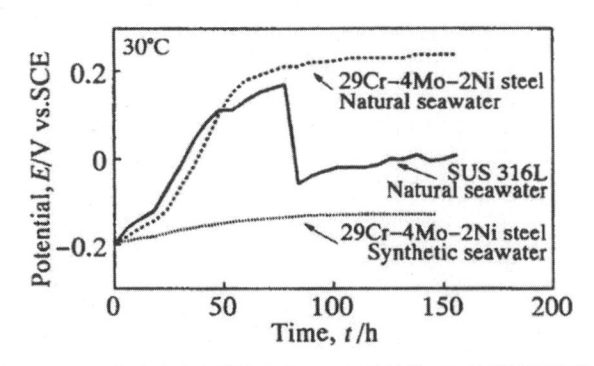

図 4.5.1 人工海水中と自然海水中での各種材料の自然浸漬電位変化 [21]

境下の自然環境でも電位の貴化は確認されている [22]。図 4.5.1 は、自然海水中と人工海水中で腐食電位を測定したものである [21]。電位は、人工海水中ではほぼ一定であるのに対し、自然海水中では貴化がみられる。材料により電位の挙動に差があったり、フィルターで金属表面を遮蔽し、微生物との接触を遮断したものでは貴化がみられない点は興味深い結果である。

このような貴化現象のメカニズムについては上述したもの以外にも諸説あるが、そこでの微生物の役割については必ずしも解明されていない。それは、金属材料の研究者にとって微生物を取扱うことが不慣れであることも原因していると思われる。微生物の種類（好・嫌気性）、付着と表面反応、微生物の代謝反応その他化学的なアプローチも重要なカギであり今後の展開が期待される。

4.6 微生物の付着と腐食

金属材料表面に付着した微生物は、増殖し、バイオフィルムと呼ばれる付着相を形成する。バイオフィルムは、細胞外多糖類を主成分とし、その中で微生物が生息する集合体である。ここでの微生物の様々な作用が、微生物腐食の原因となる。このような視点に立つと、材料への微生物の付着は、微生物腐食の出発点として考えることもできる。

実際、最近の微生物腐食の研究でも、材料表面のバイオフィルムの果たす

図 4.6.1 溶接金属表面の微生物による腐食孔 [15]

役割が注目されるようになってきている。図 4.6.1 は再現実験で、溶接金属表面に確認された腐食孔で、バイオフィルムを除去した表面に確認されたものである [15]。金属表面での微生物付着の作用と微生物腐食の関連を調べることの重要性は Videla によっても指摘されている [23]。また、金属表面への微生物のコロニー形成による、金属表面の化学組成の変化と局所的な損傷との関連に関する、Gessey の報告もある [24]。

微生物の付着量と腐食発生の相関について、ステンレス鋼溶接部を対象とした天谷らの報告がある [25]。図 4.6.2 は、溶接試験片の各部位における付着量の測定結果を示している。母材、熱影響部、止端部、および溶接金属での付着量と時間の関係である。止端部の部分への付着量が大きく、腐食発生との強い相関性も確認されている。止端部が付着サイトとなる理由については、二次元流れ場を想定したモデルで、形状学的な因子、すなわちビード下流部に滞留部が生じるためであるとの見解が示されている。

一方、溶接部の化学成分が、微生物の増殖に関与するとの報告が D. Walsh によりなされている [9]。硫化物介在物が、微生物付着サイトとして機能するとの見解である。金属の微量元素（ここでは、硫黄）が微生物の付着に及ぼす影響について述べたものである。微生物の付着に関し、母材のほうが溶接

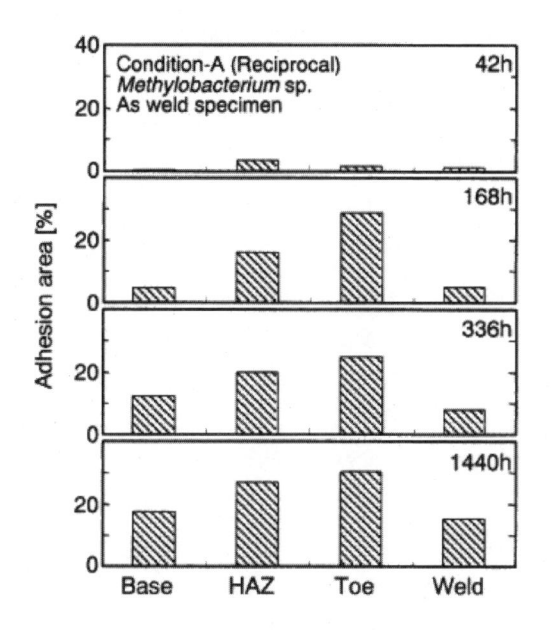

図4.6.2　溶接試験片の各部位における微生物付着量の測定結果 [25]

部よりも少なくなる理由の一つとしても述べられている。微生物の付着への金属学的因子の関与を示すものである。

4.7　微生物腐食防止技術

　微生物腐食の機構解明と同時にその防止技術の確立が強く求められている。4.3節で示したように、経済的損失額がきわめて大きいことが最大の理由である。微生物の洗浄、殺菌などを含め多様な分野から微生物腐食を理解し、対策を考える努力がなされている。

　対策の実例としては、鋼管、土壌埋設管に対するコーティング法の適用[26]、ポリエチレンスリーブ被覆の利用[27]、カソード防食の適用[28]、そして水環境ではバイオサイド（殺菌剤）の投入[29]などがある。一方、微生物の作用を利用して微生物腐食を防ぐという興味ある研究も報告されている[30-32]。腐食性のない微生物を探し、生成されるバイオフィルムを利用して腐食を抑制する

考え方である。海洋から採った微生物から抽出されたもので防食しようというユニークな試みも報告されている。

これらの方法は、微生物の作用を軽減したり、微生物の活性を抑えたり、微生物の材料への接触を断つという観点から考案されたものであるが、水、土壌および大気中で材料に発生する微生物腐食・劣化に対して決め手となるような防止技術はまだ開発されていないのが現状である。

微生物の付着が微生物腐食の最大原因であることは述べてきた。したがって、微生物の金属表面への付着を防ぐことは微生物腐食防止の手段となるものと考えられる。しかし、このような考えのもとで、微生物腐食防止を考えた研究報告は少ない。現状では、バイオサイドの適正な利用と、定期的な洗浄といった対応策が常套手段となっている。ここでは、環境、生態系への負荷が懸念されるバイオサイドの利用をどう管理するかという問題がある。バイオフィルムセンサーを利用し、バイオサイドの投入量を管理しようという試みは欧米で見られるが[33]、操業者の経験則に頼るところも大きい。

4.8 抗菌機能を利用した微生物腐食抑止技術

微生物腐食に抵抗性のある合金の開発と殺菌剤を用いない微生物制御法に関する期待が D.H. Pope によって述べられている[34]。ここで、Cu あるいは Ag を利用した技術について紹介したい。ここで紹介する鋼材は、必ずしも微生物腐食対策用として開発されたものではないが、現在、オーステナイト系・フェライト系ステンレス鋼に Cu あるいは Ag を合金元素として添加したステンレス鋼が抗菌ステンレス鋼として開発されている。これらの鋼種は、微生物が表面へ付着することを抑制する作用ならびに黄色ブドウ球菌、大腸菌その他に対して殺菌性を示す機能を有するものである。微生物腐食が微生物の付着と密接に関連している現象であることは既に述べたとおりであるが、微生物の付着を抑制できる表面機能を有する材料の開発は、今後も期待されるところが大きいと考えられる。

図 4.8.1 は、ラボテストで、Ag を応用したステンレス鋼、通常材での微生物の付着状況を評価した結果である[35]。304 鋼と比較して、Ag を応用した

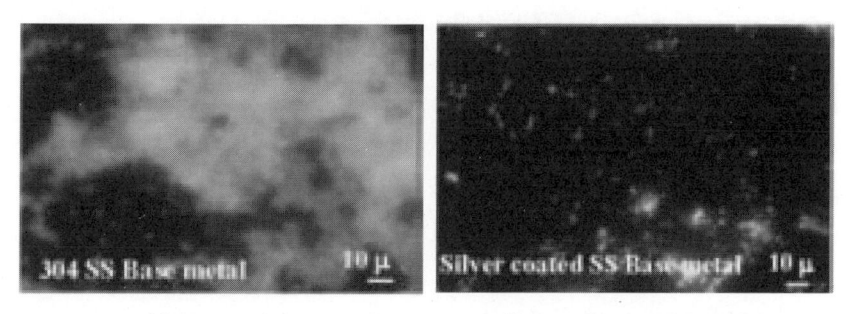

(a) SUS304 鋼　　　　　　(b) Ag コートステンレス鋼

図 4.8.1　Ag コートステンレス鋼、通常材での微生物の付着状況 [35]

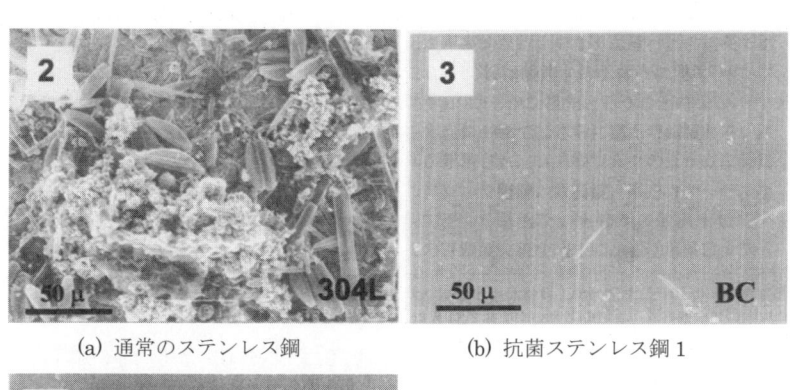

(a) 通常のステンレス鋼　　　(b) 抗菌ステンレス鋼 1

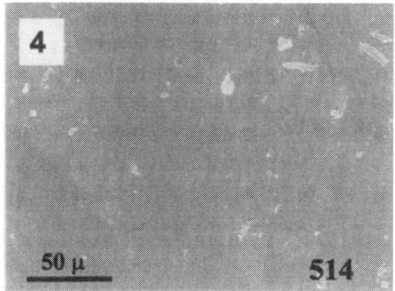

(c) 抗菌ステンレス鋼 2

図 4.8.2　通常ステンレス鋼と Ag など抗菌元素入りステンレス鋼の微生物付着状況の違い [36]

抗菌性ステンレス鋼では付着量が明らかに少ない。図 4.8.2 は、フィールド（淡水系の池）に浸漬して付着の差を調べたもので、抗菌ステンレス鋼の効果が明らかに示されている [36]。抗菌機能による付着抑制機能の持続性など、今後検証の必要な項目も少なくはないが、殺菌、洗浄に投入される化学物質、労働、あるいはメンテナンス経費の軽減には十分な効果が期待されるものと考える。

4.9 抗菌機能を利用した衛生管理 [37]

微生物の付着は、食中毒、院内感染、公衆浴場などでのレジオネラ菌感染などに示されるような、公衆衛生上の脅威としても我々の前に登場する。これらは、感染源となる食品、水、汚染物質などを経口的に、あるいは吸引により体内に取り込むことによって感染する被害であるが、感染源に由来する病原が材料表面で増殖するケース、二次汚染源となるケースが指摘されている。

米国での院内感染の死亡者は年間 9 万人近くといわれている。一方、英国では、毎年 30 万人以上の院内感染の罹患者を出し、少なくても 5,000 人以上の院内感染による合併症による死亡者を出しているといわれている。日本でも 2004 年の国立感染研究所の調査では、おおよそ 65 万 5 千人が院内感染と思われる症状を発症し、4,323 人の死亡者が確認されている。このような院内感染への対策として、米国では年間約 300 億ドル、英国では約 10 億ポンドという巨額の支出を行っている。

このような対策の中で、2008 年 3 月に米国環境保護庁（EPA）により、銅の殺菌性表示が認可されたことは注目に値する。実際、銅や銅合金の表面は、院内感染の原因になるメチシリン耐性黄色ブドウ球菌（MRSA）などを含む病原菌に対して 2 時間以内に 99.9％殺菌することが証明されている。

医療施設では、患者に近い場所にある環境表面が重要で、伝染病の 80％が接触によって伝播するとされる。しかしながら、現在医療施設で使用される材料の多くのものは、有害細菌に対する殺菌機能はほとんどあるいは全く有していないといわれている。このような観点から、患者がよく触れる物体表

面（ドアノブ、蛇口、手すり、トイレ）を、自然の殺菌素材である銅または黄銅や青銅など、銅の比率の高い合金に替えるだけで効果的な感染防止対策が実現できる可能性が大きい。このような対策は、手洗いの励行、患者のスクリーニングや隔離、洗浄の改善といった感染予防を補完するものではあるが、材料の抗菌性の活用の大きな可能性を示す一場面と考えられる。金属の抗菌機能化による、微生物腐食に代表される微生物被害の防止の可能性を期待したい。

参考文献

1) 日本微生物生態学会バイオフィルム研究部会編　*バイオフィルム入門*. 5（日科技連出版社, 2005）.
2) 森崎久雄　*バイオフィルム*. 60 (サイエンスフォーラム, 2003)
3) Allsopp, D., Seal, K. J.(田代訳)　*生物劣化入門.* (ソルト出版, 1991).
4) Borenstein, S. W. *Microbiorogically Influenced Corrosion Handbook.* （Woodhead Publishing, Ltd., 1994).
5) 宮野泰征; 菊地靖志　*日本接着学会誌* **2004**, *40*, 75.
6) Licina, G. J. *Sourcebook for Microbiologically Influenced Corrosion in Nuclear Power Plants.* 3-1 (EPRI, 1988).
7) 笠原晃明; 梶山文夫　*第36回腐食防食討論会講演集* 1989, p.449.
8) *Petroreum NEWS* 2007; Vol. 11, p.20.
9) Walsh, D. *Corrosion/99*; NACE International: Houston, USA, 1999, paper No.188.
10) Herro, H. M. *Corrosion/98*; NACE International: Houston, USA, 1998, Paper No. 278.
11) 菊地靖志; 小澤正義; 塔本健次; 金丸剛; 坂根健　*伸鋼技術研究会誌* **1999**, *38*, 160.
12) 菊地靖志; 小澤正義; 塔本健次; 大西秀人; 安西敏雄　*鉄と鋼* **2002**, *88*, 83.
13) 宮野泰征; 山本道好; 渡辺一哉; 大森明; 菊地靖志　*溶接学会論文集* **2004**, *22*, 448.
14) 宮野泰征; 四方真治; 小澤正義; スリークマリ; 菊地靖志　*溶接学会論文集* **2006**, *92*, 274.
15) 宮野泰征; 山本道好; 渡辺一哉; 大森明; 菊地靖志　*溶接学会論文集* **2004**,

22, 446.
16) Gerchakov, S. M.; Little, B.; Wagner, P. *Corrosion* **1986**, *42*, 689.
17) 飯野隆夫; 若井暁; 鶴丸博人; 伊藤公夫; 原山重明 *材料と環境講演集* 2008, p.175.
18) 森浩二; 鶴丸博人; 原山重明 *材料と環境講演集* 2008, p.177.
19) 日本微生物生態学会バイオフィルム研究部会編著 *バイオフィルム入門*. 72 (日科技連出版社, 2005).
20) 腐食防食協会編 *エンジニアリングのための微生物腐食入門*. (丸善出版事業部, 2004).
21) 天谷尚; 幸英昭 *溶接学会誌* **1995**, *64*, 147.
22) Olsen, B. H.; Avci, R.; Lewandski, Z. *Corrosion Science* **2000**, *42*, 211.
23) Videra, H. A. *International Biodeterioration and Biodegradation* **2001**, *48*, 176.
24) Gessey, G. G.; Gilis, R. J.; Avci, R.; Daly, D.; Hamilton, M.; Shope, P.; Harkin, G. *Corrosion Science* **1996**, *38*, 73.
25) 天谷尚; 菊地靖志; 小澤正義; 幸英昭; 武石義明 *溶接学会論文集* **2001**, *19*, 349.
26) Marchal, R.; Chaussesepied, B.; Warzywoda, M. *International Biodeterioration and Biodegradation* **2001**, *47*, 125.
27) 腐食防食協会編 *エンジニアのための微生物腐食入門* p.129 (丸善出版事業部, 2004).
28) Kajiyama, F.; Okamura, K. *Corrosion* **1997**, *55*, 74.
29) Videra, H. A. *International Biodeterioration and Biodegradation* **1997**, *39*, 116.
30) Syrett, B. C.; Arps, P. J.; Earthman, J. C.; Mansfeld, F.; Wood, T. K. *Corrosion/2002*; Nace International: Houston, USA, 2002, p.145.
31) Ornek, D.; Jayaraman, A.; Wood, T. K.; Sun, Z.; Hsu, C. H.; Mansfeld, F. *Corrosion Science* **2001**, *43*, 2121.
32) Hellio, C.; Broise, D. D. L.; Duffosse, L.; Gal, Y. L.; Bourgougnon, N. *Marine Environmental Research* **2001**, *52*, 231.
33) Garett,J., W.E.; Licina, G.J. *Eighth EPRI Service Water System Reliability Improvement Seminar* 1995.
34) Pope, D. H. *Corrosion/2000*; NACE International: Houston, USA, 2000, Paper No.00402.
35) Sreekumari, K. R.; Sato, Y.; Kikuchi, Y. *Materials Transactions* **2005**, *46*, 1641.
36) 菊地靖志 *まてりあ* **2002**, *41*, 551.

37) (社) 日本銅センター, 斎藤晴夫 私信 (2009).

5. 安心・安全・信頼のための実用材料の基礎と製造プロセス

5.1 金属材料

5.1.1 金属の結晶構造

物質を構成している原子が立体的に、規則正しく配列していることを結晶体という。金属は、一般に結晶体が無秩序な方向に多数集まってできており、これを多結晶体という。一つひとつの結晶体を結晶粒といい、また、隣り合った結晶粒の境界を結晶粒界または単に粒界という（図 5.1.1）。

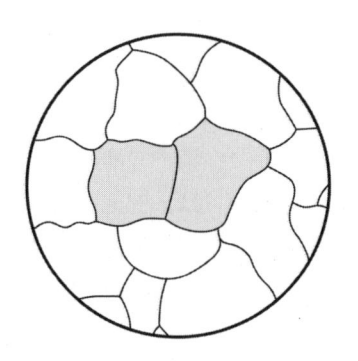

図 5.1.1　多結晶体の結晶粒 [1]

金属の結晶粒を X 線回折で調べてみると、原子は、その金属特有の配列状態で規則正しく並んでいることがわかる。結晶格子には、いろいろな種類があるが、大部分の金属は、図 5.1.2 に示す 3 種類の基本型に属している。

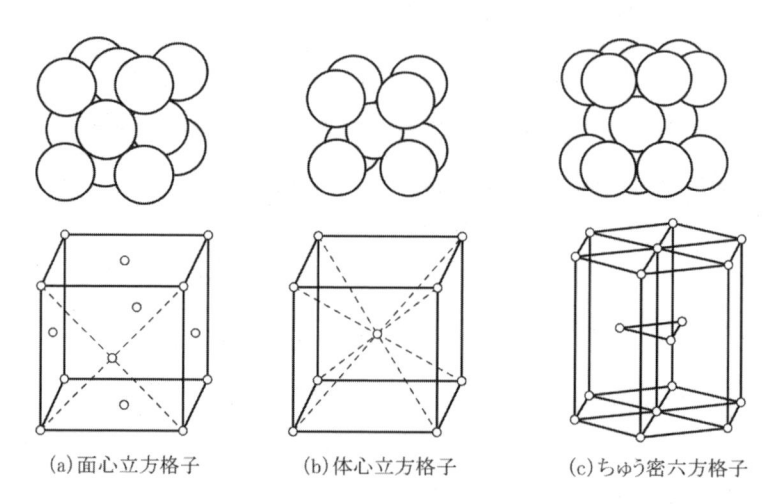

(a) 面心立方格子　　(b) 体心立方格子　　(c) ちゅう密六方格子

図 5.1.2　結晶格子の基本型

5.1.2　金属の変態

　物質が温度や外的条件により状態が変化し、違った性質になることを変態という。そして、変態を起こす温度を変態点という。固体から液体に変化する溶融や、その逆の凝固も変態の一つである。また、炭素にはダイヤモンドと黒鉛の二つの状態があるように、同一元素の異なった状態にあるものを同素体という。さらに、金属の変態では、例えば強磁性体（Fe、Co、Ni およびその合金など）を加熱すると、一定温度以上で磁性を失って、常磁性体になる変態がある。これは磁気変態といい、結晶内での原子の配列が変化するのではなく、原子自身の内部的変化のため、磁気などが急激に変化するもので、Fe（鉄）の場合はキューリー点とも呼ばれている。

5.1.3　金属の凝固と状態の変化

　合金とは、ある金属元素に他の金属元素あるいは非金属元素を融合させたもので、純金属では得られない種々の特性を持つ金属である。溶融している合金が凝固する場合には、その成分割合と温度とによって、その状態が種々に異なる。合金の代表的な固体状態には、固溶体と金属間化合物がある。

　① 　固溶体とは、一つの母体となる金属中に他の金属または非金属が溶け

込んだ均一な固体状態をいう。固溶体には置換型固溶体と浸入型固溶体の2種類がある。

② 金属間化合物とは、合金成分が Fe_3C、$CuAl_2$、Mg_2Si のように原子量が簡単な整数比で化学的に結合したものをいう。金属同士でできた化合物も、また金属と非金属との間でできた化合物もあわせて金属間化合物と呼んでいる。

5.1.4 金属材料の種類と特徴

主な金属材料の種類と特徴について表5.1.1に示す。

5.1.5 鉄鋼材料

主な金属材料の中で特に代表的な鉄鋼材料の分類について図5.1.3に示す。抗菌材料分野で関係する材料として鉄系では特殊鋼分野のステンレス鋼がある。鉄鋼材料の分類では、合金元素として炭素は重要な役割をはたし、以下のことがいえる。

① 鉄鋼材料の種類は炭素量によって分類される。

　　鉄：炭素含有量　0.03％以下　　　　鋼：炭素含有量　0.03〜1.7％
　　鋳鉄：炭素含有量　1.7〜6.67％

② 炭素量は鉄鋼材料の機械的性質を大きく左右する。

炭素量の機械的性質などへの影響の大まかな特徴を表5.1.2に示す。その例として図5.1.4に、鋼の炭素量の機械的性質への影響を示す。直径25mm炭素鋼丸棒の圧延のままの機械的性質と炭素量の関係を示す。

図5.1.4より、各種熱処理を加えた鋼において、強度に関係する引張強さと硬度は比例関係にあり、かつ炭素量が1.2％程度までは、増加とともに強度が増加することがわかる。成形性に関係する伸びや絞りは強度に反比例しており、かつ炭素量の増加とともに伸びが低下することがわかる。

表5.1.1 金属材料の種類と特徴

分類		材料名	特徴	材料記号例（JIS）
金属材料	鉄鋼	一般構造用圧延鋼材・鋼板	一般構造用で、最も使用量が多い	SS330、SS400、SPHC、SPCC
		炭素鋼	機械構造用、一般加工・溶接可能	S15C S45C (S45)
		合金鋼	機械構造用、添加元素で強靱化	SCr420 (SCr20)
		ステンレス鋼	耐食性良好、モールに使用	SUS430 SUS304
		電磁気用鋼	軟磁気特性（ケイ素鋼板、電磁軟鉄）	SUYP
		鉄系焼結材	鉄粉原料調合・プレス・焼結で成形、歩留まり良	PMF
		鋳鉄	強度は高くないが振動吸収性良好、低コスト	FC200 FCD450
	非鉄金属	アルミ展伸材	軽量（板材・押出し材）、電気・熱の良導体	A5056
		アルミ鋳物	軽量、各種鋳造法（重力鋳造、ダイカスト、…)	AC2B ADC12
		銅展伸材	耐食性・加工性良好（黄銅、青銅）	C3602
		銅鋳物	耐食性・耐焼付き性良好（黄銅、青銅鋳物）	BC PBC
		亜鉛	ダイカスト性、めっき装飾性良好	ZDC12
		マグネシウム	金属の中で一番軽い（比重 1.8）	MDC1
		スズ	軸受用合金・はんだ合金の成分	
		チタン	軽量、比強度が高い、酸化性環境に強い	
	特殊金属	磁性材料	強磁性、磁石などに使用	
		形状記憶合金	オーステナイト⇔マルテンサイト変態で形状記憶変化	
		非晶質合金	結晶構造が非晶質で電磁気特性・耐食性良好	
		水素吸蔵合金	温度×圧力により、水素ガスを吸排出する	
	複合材	クラッド材	異種金属の接合材（銅/SUS、銅/銅、…)	
		制振鋼板	金属板の間に極薄（0.1mm程度）樹脂膜をサンドイッチ	
		ラミネート材	金属板の間に薄い（1mm程度）樹脂膜をサンドイッチ、軽量	
		FRM材	金属をセラミック繊維・粒子で強化、強度・耐摩耗性など良好	

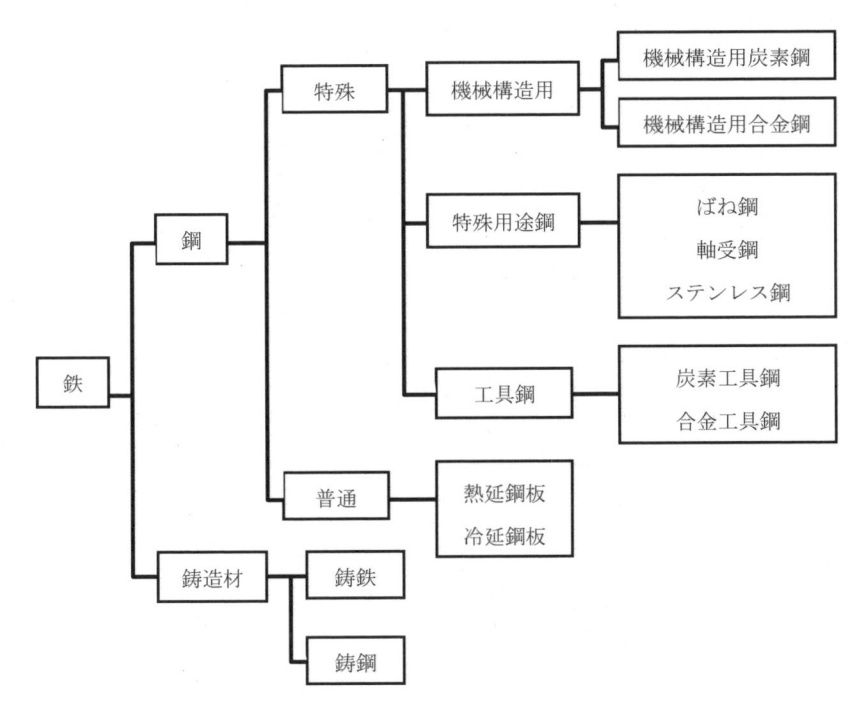

5. 安心・安全・信頼のための実用材料の基礎と製造プロセス　　*61*

```
鉄─┬─鋼──┬─特殊──┬─機械構造用──┬─機械構造用炭素鋼
　　│　　　│　　　　│　　　　　　　└─機械構造用合金鋼
　　│　　　│　　　　├─特殊用途鋼──┬─ばね鋼
　　│　　　│　　　　│　　　　　　　├─軸受鋼
　　│　　　│　　　　│　　　　　　　└─ステンレス鋼
　　│　　　│　　　　└─工具鋼─────┬─炭素工具鋼
　　│　　　│　　　　　　　　　　　　└─合金工具鋼
　　│　　　└─普通────┬─熱延鋼板
　　│　　　　　　　　　└─冷延鋼板
　　└─鋳造材─┬─鋳鉄
　　　　　　　└─鋳鋼
```

図 5.1.3　代表的な鉄鋼材料の分類

表 5.1.2　鋼の炭素量と性質

性質	炭素量 小	炭素量 大
引張り強さ	小	大（1.2%C）
硬さ	小	大
靭性	大	小
延性	大	小
焼き入れ性	無 or 不良	良
鍛接性	容易	困難
溶解温度	高	低

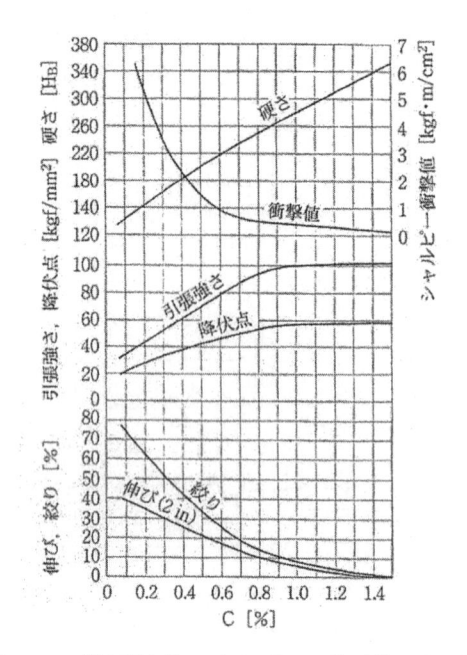

図 5.1.4　直径 25 mm 炭素鋼丸棒の圧延のままの機械的性質と炭素量の関係 [2]

5.1.6　アルミニウムおよびアルミニウム合金

　主な非鉄金属材料の中で特に使用量が多い代表的な材料としてアルミ材料が挙げられる。アルミニウム合金の一般特性を表 5.1.3 に示す。アルミニウムは展伸材と鋳造材に大別され、展伸材は製品形状によって板、条、線および棒、管、押出し形材、鍛造品、箔、導体、ろうおよびブレージングシートなどにさらに細かく分類される。鋳造材は鋳物用合金とダイカスト用合金に分類される。アルミニウム合金は冷間加工、焼入れ、焼もどし、焼なましなどによって、強度、成形性その他の性質を調整することができる。このような操作によって所定の性質を得ることを調質といい、調質の種類を質別という。アルミニウム合金の性質は質別によって著しく変化する。

表 5.1.3 アルミニウム合金の一般特性

	特 性	特 徴
1	比重	比重が銅や鉄の約 1/3 であり、輸送機械、建築などの分野で軽量化に役立っている。
2	耐食性	大気中で自然に耐食性のよい酸化皮膜が形成され、自己防護するので優れた耐食性を持っている。鉄鋼のように赤錆を生じることはない。
3	加工性	展延性に富み、加工性、成形性に優れ、特に押出し加工によって複雑な断面形状が容易に得られる。
4	表面処理	酸化皮膜を表面に形成させるアルマイト処理により、耐食性、耐摩耗性を飛躍的に改善させることができる。
5	強度	合金の種類、質別によって引張強さは 70〜600 MPa と変化させることができるので、用途に応じて適切なものを選ぶことができる。
6	低温特性	温度が低下するにつれて強度は上昇し、超低温範囲に至るまで普通鋼のような低温脆性を示さない。
7	電気伝導性	銅の 60% の導電率を有し、銅の半分程度の重さのアルミニウムを使用して銅と同量の電流を通すことができ、送電線、配電線として適している。
8	熱伝導性	熱を伝えやすく、熱交換器、エンジン部品、家庭用品、冷暖房装置に使用されている。
9	反射性	アルミニウムの表面は、熱、電波をよく反射するので、暖房器の反射板、照明器具、パラボラアンテナに使用されている。
10	非磁性	電磁気の磁場にほとんど影響されず、磁気を帯びることがない。
11	無毒性	毒性がなく、食品類との反応もないので、食品包装容器、家庭用器物に適している。
12	再生	スクラップの再生が他の金属に比べ非常に容易で、スクラップ価値が高い。

5.1.7 銅および銅合金

　主な非鉄金属材料の中で抗菌用途にも使用される代表的な材料として銅材料が挙げられる。銅合金の一般特性を表 5.1.4 に示す。伸銅品（展伸材）と鋳造材に大別される。伸銅品は JIS では合金別製品形状別に規定されており、銅及び銅合金の板及び条（JIS H 3100）、りん青銅及び洋白の板及び条

(JIS H 3110)、ばね用ベリリウム銅、りん青銅及び洋白の板及び条（JIS H 3130)、銅及び銅合金棒（JIS H 3250)、銅及び銅合金線（JIS H 3260）などがある。鋳造材はJIS H 5101～H 5115に黄銅、青銅、りん青銅、アルミニウム青銅などが規定されている。

表5.1.4 銅合金の一般特性

	特性	特徴
1	電気・熱伝導性	銅は銀に次いで電気、熱伝導性が優れている。
2	非磁性	銅およびその合金は磁気を帯びることがない。
3	加工性	各種の加工に耐え、脆さを生じない。
4	ばね性	ベリリウム銅、りん青銅、洋白などは優れたばね性を示す。
5	低温特性	アルミニウム合金やオーステナイト系ステンレス鋼と同様、極低温で脆さを生じない。
6	耐食性	銅は環境によく耐える代表的な金属である。
7	被削性	鉛を1～3％程度含んだ黄銅は被削性がよく、快削黄銅と呼ばれる。
8	色調	銅は淡赤桃色、黄銅は黄金色、洋白は銀白色と美しく発色する。
9	めっき・はんだ付性	金、銀、ニッケル、スズなどのめっきや、はんだ付けが容易である。

5.1.8 金属材料の腐食

　金属材料の多くには湿潤の環境下に暴露されると腐食という現象が生じる。材料の表面状態は抗菌性に大きな影響を及ぼすため、金属材料の腐食について説明する。

　代表的な金属材料である鉄の腐食について説明する。鉄の腐食には以下の三つの現象が影響すると考えられる。一つ目は、自然環境、例えば水の中に鉄を入れると錆びる"水"と"酸素"が介在する場合である。この腐食は、鉄の酸化（鉄イオンによる溶解）と酸素の還元（水酸イオンの生成）により生じる。この鉄の水酸化物が赤錆のもとである（図5.1.5 (a)）。二つ目は、酸に鉄を入れると、水素を発生しながら溶解する"酸"による腐食がある（図

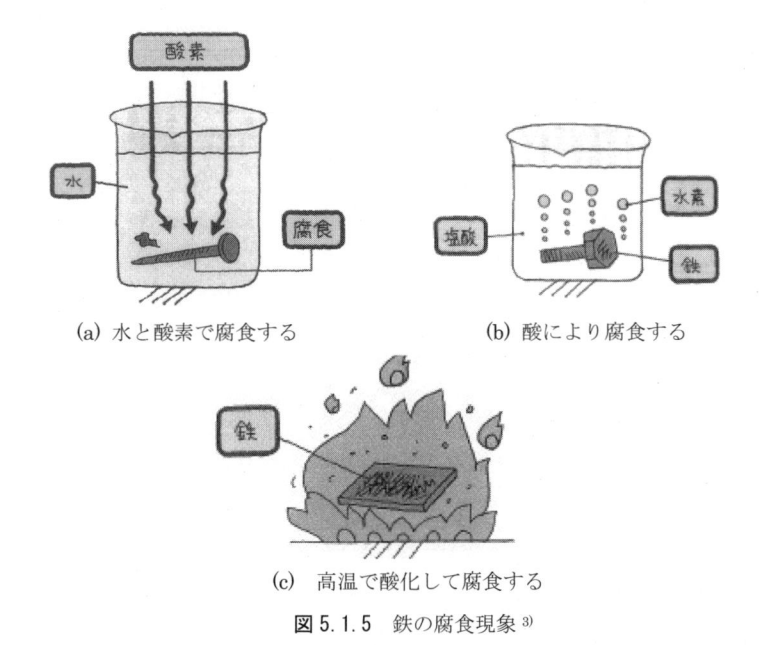

5. 安心・安全・信頼のための実用材料の基礎と製造プロセス

(a) 水と酸素で腐食する

(b) 酸により腐食する

(c) 高温で酸化して腐食する

図 5.1.5 鉄の腐食現象 [3]

(b))。三つ目は、大気中で熱すると鉄が酸素と結びついて"酸化"して酸化鉄になる現象である（図(c)）。

鉄などにおける腐食の形態として全面腐食と局部腐食（孔食、隙間腐食）がある。その形態について図 5.1.6 に示す。水の中に鉄を入れると錆びる全面腐食を図(a)に示し、また錆に強いステンレスを水の中に入れた際に腐食する隙間腐食を図(b)に示す。

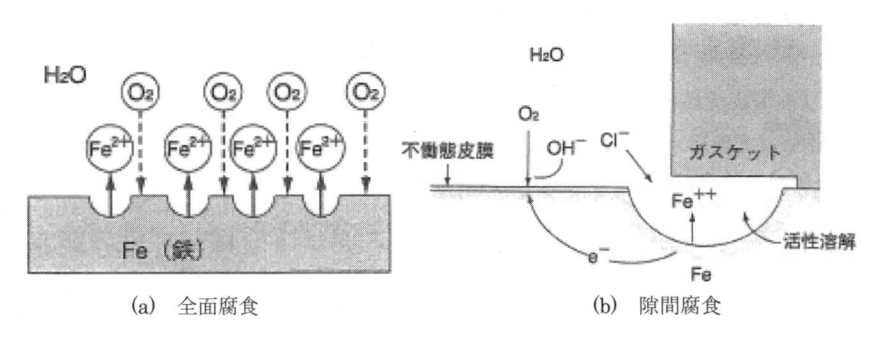

(a) 全面腐食

(b) 隙間腐食

図 5.1.6 鉄の全面腐食とステンレス鋼の隙間腐食 [4]

5.1.9 異種金属接触腐食/ガルバニック腐食

腐食とは、金属の溶解を伴う電気化学反応であるともいえる。ここで溶解部分＝アノード（＋）、その近傍＝カソード（－）という位置付けになる。金属の溶解のしやすさは金属のイオン化傾向に従う。大きいものほど腐食しやすい。以下に一般的な金属元素のイオン化傾向の大きさを示す。

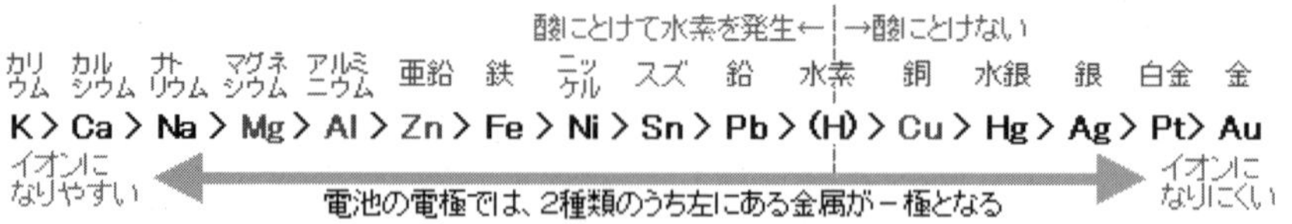

```
                   酸にとけて水素を発生← →酸にとけない
カリ カル ナト マグネ アルミ 亜鉛 鉄 ニッ スズ 鉛 水素 銅 水銀 銀 白金 金
ウム シウム リウム シウム ニウム        ケル
K > Ca > Na > Mg > Al > Zn > Fe > Ni > Sn > Pb > (H) > Cu > Hg > Ag > Pt > Au
イオンに                                                              イオンに
なりやすい ←――――――――――――――――――――――――――――→ なりにくい
              電池の電極では、2種類のうち左にある金属が－極となる
```

図 5.1.7　金属のイオン化列

腐食しやすいとはイオンになりやすい（イオン化傾向大）ことを示しており、これに該当する金属を"卑"な金属という。腐食し難いとはイオンになり難い（イオン化傾向小）ことを示しており、これに該当する金属を"貴"な金属という。例えば、電池の電極にする 2 種類の金属に対して、イオン化傾向大の金属は－極に、イオン化傾向小の金属は＋極となる。

5.2　セラミックス材料

5.2.1　セラミックスの定義と特徴

無機化学工業における窯業分野では、陶磁器、磁器、耐火物、建築用粘土質製品、研磨剤、琺瑯（ほうろう）、ガラス、セメント、非金属の磁性材料、人工単結晶などの材料が製造されている。セラミックスは、「熱処理によって製造した非金属、無機質、固体材料」と定義され [5]、窯業分野における材料がセラミックの 1 種といえる。無機質固体材料の結晶粒子は、電気、磁気、光学、熱的、機械的性質に大きな影響を与える。これらの材料を結晶粒子径から分類すると図 5.2.1 のようになる。一般的には、無機物質からなる多結晶体をセラミックスと呼ぶ。

単結晶は、原子（イオン）が規則正しく配列した結晶構造を形成し、一つ

(a) 単結晶
(結晶構造、粒界：無)

(b) セラミックス
(粒界：有)

(c) 非晶質（ガラス：T_g 有）
(ランダム構造、粒界:無)

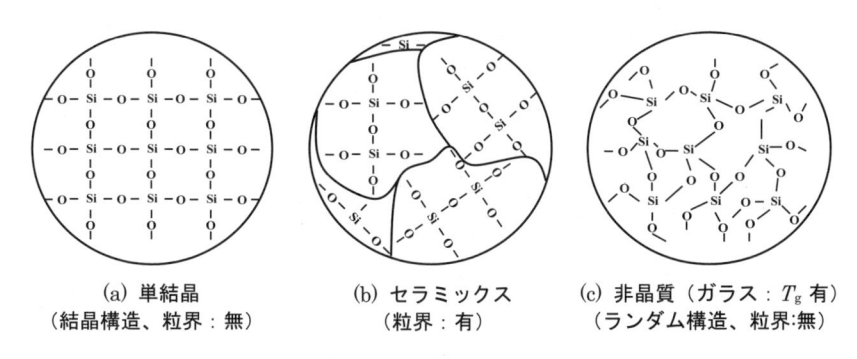

図 5.2.1　無機質固体材料のマクロ構造とミクロ構造

の結晶からできている。セラミックスは、小さな単結晶（結晶サイズ：10^{-8} ～10^{-3} m）が様々な方向を向き、結晶粒界（ランダム構造）を介して結合した多結晶材料である。多結晶からなるセラミックスの一つの結晶サイズが 10^{-8} m 以下になれば、結晶構造を反映した数十個の原子（イオン）の集合体となると X 線回折によって結晶と判断されなくなり、非晶質となる。非晶質のうちガラス転移点（T_g）を持つものをガラスと呼ぶ。融液（液体）を急冷した場合も液体構造が反映し原子（イオン）が不規則配列され、非晶質となる。非晶質中の原子（イオン）の周囲の構造（局所構造）において、結合角および結合距離は結晶と比較して変化するものの、配位数は類似していることが多い。

　結晶粒子径と光透過率の関係を図 5.2.2 に示す。単結晶およびガラスは、粒界が存在しないため、光透過性が高く、透明である。一方、セラミックスは、結晶粒界によって光が散乱（ミー散乱およびレイリー散乱）されるため、不透明もしくは半透明となる。セラミックス中の結晶粒子をガラスのように小さくするか、単結晶のように大きな結晶粒子にすれば、光の散乱が抑制され、透光性セラミックスとなる。このような方法で、透光性アルミナが作製され、ナトリウム灯ランプチューブに利用されている。セラミックスには、図 5.2.2 の光透過性のように物性が変化せず、単結晶やガラスに比べて優れた物性を有するものが多数ある。

　セラミックスは、古くから陶磁器食器として、人類の生活に欠かすことの

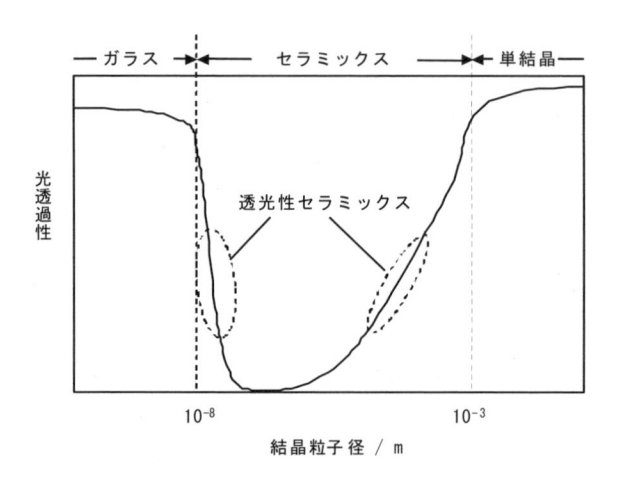

図 5.2.2 無機質固体の光透過性

できない製品として利用され、「耐熱性」、「耐食性」、「耐摩耗性」の特徴が利用されている。このようなセラミックスは、オールドセラミックスと呼ばれ、現在でも、これらの特徴を利用し、工業炉の耐熱材などの高温構造材料として利用されている。最近では、電気、磁気、光学、熱的、機械的性質とこれらを組み合わせた性質を有するセラミックス、すなわち、ニューセラミックス、アドバンストセラミックス、あるいはファインセラミックスと呼ばれる材料が製造、利用されている。

オールドセラミックスは、天然にある粘土鉱物を原料に作製されているが、ニューセラミックスは、化学的手法によって高純度化と粒子制御し作製した粉末や金属アルコキシドなどを原料に作製されている。ニューセラミックスにおいては、成分、粒子分布、粒子形態が制御された粉末や高純度化された原料を使うことによって、形状を付与するとともに、さらに、熱処理過程で、結晶組織を制御することで、電気、磁気、光学、熱的、機械的性質を改善・向上した機能材料が作製されている。

5.2.2 ニューセラミックスの分類

ニューセラミックスを分類する方法としては、性質と特性によって分類す

5. 安心・安全・信頼のための実用材料の基礎と製造プロセス

る方法がある。電気・電子、磁気、光学、熱、機械的性質を有するセラミックスに加えて、最近では、生体用としてもセラミックスは重要な役割を果たしているため、表 5.2.1 のように分類される[5]。これらの中でも、我々の便利な生活には、電気・電子的性質および光学的性質を持つ材料の開発は、重要となっている。絶縁性セラミックスは、主に IC チップのパッケージに使用され、誘電特性も重要である。透光性アルミナの開発は、応用が不可能であった光学分野において、セラミックスの利用を拡大させている。さらに、Nd：YAG レーザーの発信素子となる単結晶を、単結晶育成に比べて作製が容易な

表 5.2.1 ニューセラミックスの分類

性質	特性	例	応用
電気・電子	絶縁性	Al_2O_3, AlN	集積回路基盤
	誘電性	$BaTiO_3$	コンデンサー
	圧電性	$Pb(Zr,Ti)O_3$	圧電着火素子
	焦電性	$SrTiO_3$	赤外線検出素子
	半導性	ZnO(n 型)、NiO(p 型)、TiO_2	半導体、光触媒
	超伝導	Y-Ba-Cu-O	超伝導磁石
	イオン導電性	安定化 ZrO_2	酸素センサー
磁気	軟磁性	フェライト	磁気記憶材料
	強磁性	$SrO \cdot 6Fe_2O_3$	磁石
光学	蛍光性	$CaWO_4$, $ZnGa_2O_4$, $Y_2O_2S:Eu$	各種モニター用蛍光体
	透光性	Al_2O_3, $Y_3Al_5O_{12}$ (YAG)	ランプチューブ、レーザー発信素子
熱	断熱性	$2SiO_2 \cdot 3Al_2O_3$ （ムライト）	炉の多孔質耐熱煉瓦
	伝熱性	AlN, SiC	集積回路基盤
	耐熱衝撃性	TiO_2-ZrO_2-Al_2O_3	熱衝撃材
機械	高靭性	部分安定化 ZrO_2 (CaO-ZrO_2)	包丁、ナイフ
生体・食品	骨代替	$Ca_5(PO_4)_3OH$ （ハドロキシアパタイト）、$Ca_{10}(PO_4)_6(O,F_2) \cdot CaO \cdot SiO_2$	人工歯、人工骨
	担持用	多孔質 Al_2O_3	酵素・微生物担持体
	癌治療用	Y_2O_3 球状微粒子	癌治療用
	食品添加物	TiO_2 微粉末	着色料

透光性 Nd : YAG 多結晶体に代替することで、そのレーザー発信特性が向上している [6]。また、液晶モニターやプラズマディスプレイといった大型モニターには、高輝度の蛍光体、特に光の 3 原色のうち、視覚し難い青・赤色の開発が進められている。磁気記憶媒体としての新たな材料の開発はないものの、大容量ハードディスクに利用されている。金属や有機高分子に比べ生体親和性のよいセラミックスは、生体への利用が拡大されている。特に、生体親和性のよい成分からなる高強度の多孔質セラミックスは、骨代替に重要である。

5.2.3 セラミックスの合成法

オールドセラミックスは、天然物を原料に、成形および焼結などの粉末冶金プロセスによって作製されているが、ニューセラミックスは、表 5.2.2 に示される気相法、液相法および固相法に大別される方法によって合成され [7]、

表 5.2.2 セラミックス合成法

セラミックスの合成法	気相法	気相反応法（CVD 法）	気相反応法
			気相酸化法
			気相熱分解法
		蒸発凝縮法（PVD 法）	
	液相法	沈殿法	均一沈殿法
			アルコキシド法
			共沈法
		ゾル・ゲル法（バルク化、ファイバー化、薄膜化（ディップコーティング法、スピンコーティング法））	
		脱溶媒法	エマルション法
			凍結乾燥法
			噴霧乾燥法
	固相法	粉砕法（粉末化、メカノケミカル効果）	
		化学反応法	固相反応法
			酸化還元法
			熱分解法

そのまま利用される場合もあれば、これらによって作製された粉末を用いて粉末冶金プロセスによって作製される場合もある。

ニューセラミックスの合成法のうち、気相法は、ウィスカーと呼ばれるヒゲ状単結晶、粉末からバルク体も作製できるが、主に薄膜作製に利用されることが多く、CVD および PVD 法では、出発物質を加熱することで生成した無機化合物蒸気が基盤によって冷却され、堆積され、セラミック薄膜が形成される。CVD 法では、2 種以上の出発原料が加熱され気相で反応する気相反応法、出発物質が雰囲気によって酸化される気相酸化法および 1 種の出発原料を過熱によって熱分解させる熱分解法に分別される。PVD 法は、出発物質が単に加熱され、その蒸気が基盤に堆積される。そのため、酸化物セラミックスの作製には不向きである。

液相法では、セラミック粉体を作製する方法で、主に pH を制御する沈殿剤を添加することで沈殿を作製する共沈法があるが、沈殿剤の濃度が局所的に高くなることで不純物を取り込みやすいといった欠点がある。均一沈殿法は、沈殿剤を溶液内で生成させ、溶液全体で沈殿を生み出す方法である。例えば、塩化アルミニウム水溶液中に尿素を添加し、過熱することで沈殿剤のアンモニウムイオンを生成させ（(5.2.1) 式）、これによって pH が変化し、(5.2.2) 式によって水酸化アルミニウムの沈殿が生じる。この方法では、(5.2.1) 式の制御が容易なので、凝集のない目的粒子径の粉末を得られるといった利点がある。

$$(NH_2)_2CO + 3H_2O \rightarrow 2NH_4OH + CO_2 \tag{5.2.1}$$

$$AlCl_3 + 3NH_4OH \rightarrow Al(OH)_3\downarrow + 3NH_4Cl \tag{5.2.2}$$

また、金属アルコキシドを加水分解させ、その水酸化物を過熱して酸化物を得るアルコキシド法がある。この方法は、目的組成の様々なアルコキシドを同時に加水分解させることで高純度の複合酸化物の作製も可能である。ゾル・ゲル法は、出発物質に金属アルコキシドを用い、例えば、図 5.2.3 のテトラエトキシシラン（TEOS）のようにゾル・ゲル反応過程（加水分解および脱水重縮合）におけるゾル溶液を利用し、コーティング技術（ディップコーティング法やスピンコーティング法）による薄膜化やゾル溶液のゲル化による

バルク化やファイバー化が行われ、熱処理によってセラミックスやガラスが得られている。ゾル-ゲル法は、溶液から複雑形状品を作製することができるため、モニターの反射防止膜、電子部品、センサー素子から光通信用の光ファイバー、光導波路などの先端材料を作製するナノテク技術において重要な役割を果たす合成法である。実際は、加水分解と脱水重縮合過程が同時に起こり、重合体の末端が加水分解されていないものが含まれ、ゾル-ゲル法で作製されたセラミックスやガラスには有機物や OH 基が残留しやすい特徴がある [8]。エマルション法にも、金属アルコキシドや有機金属アルコキシドなど

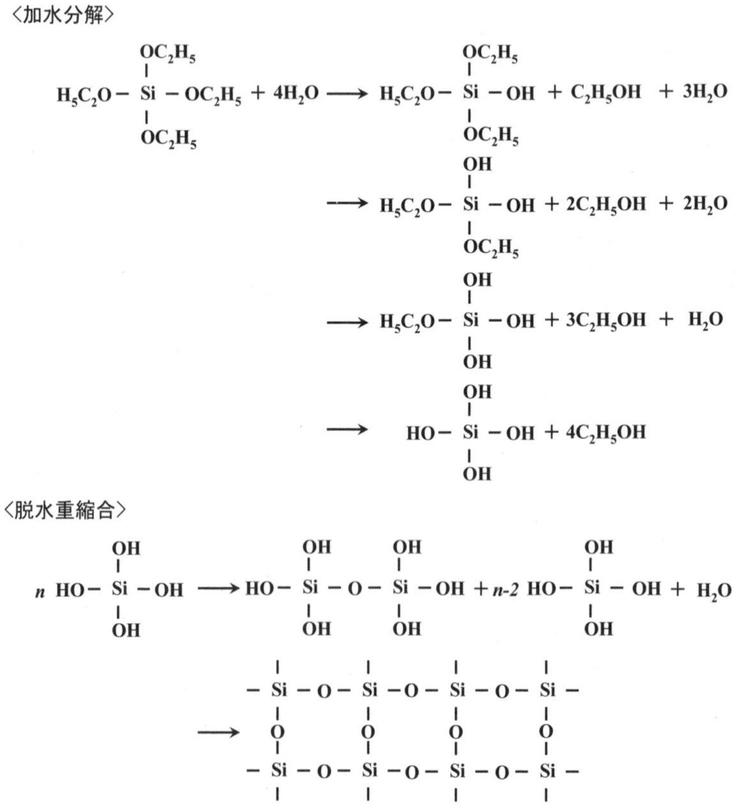

〈加水分解〉

$$H_5C_2O-\underset{\underset{OC_2H_5}{|}}{\overset{\overset{OC_2H_5}{|}}{Si}}-OC_2H_5 + 4H_2O \longrightarrow H_5C_2O-\underset{\underset{OC_2H_5}{|}}{\overset{\overset{OC_2H_5}{|}}{Si}}-OH + C_2H_5OH + 3H_2O$$

$$\longrightarrow H_5C_2O-\underset{\underset{OC_2H_5}{|}}{\overset{\overset{OH}{|}}{Si}}-OH + 2C_2H_5OH + 2H_2O$$

$$\longrightarrow H_5C_2O-\underset{\underset{OH}{|}}{\overset{\overset{OH}{|}}{Si}}-OH + 3C_2H_5OH + H_2O$$

$$\longrightarrow HO-\underset{\underset{OH}{|}}{\overset{\overset{OH}{|}}{Si}}-OH + 4C_2H_5OH$$

〈脱水重縮合〉

$$n\ HO-\underset{\underset{OH}{|}}{\overset{\overset{OH}{|}}{Si}}-OH \longrightarrow HO-\underset{\underset{OH}{|}}{\overset{\overset{OH}{|}}{Si}}-O-\underset{\underset{OH}{|}}{\overset{\overset{OH}{|}}{Si}}-OH + n\text{-}2\ HO-\underset{\underset{OH}{|}}{\overset{\overset{OH}{|}}{Si}}-OH + H_2O$$

$$\longrightarrow \begin{array}{c} |\quad\quad |\quad\quad |\quad\quad | \\ -Si-O-Si-O-Si-O-Si- \\ |\quad\quad |\quad\quad |\quad\quad | \\ O\quad\quad O\quad\quad O\quad\quad O \\ |\quad\quad |\quad\quad |\quad\quad | \\ -Si-O-Si-O-Si-O-Si- \\ |\quad\quad |\quad\quad |\quad\quad | \end{array}$$

図 5.2.3 ゾル-ゲル反応過程

を原料にゾル-ゲル反応が利用されており、均一分散した球状微粒子が作製されている[9]。

固相法には、粉砕法と化学反応法がある。粉砕法は、固体からセラミック粉体を作製するときに利用され、粉砕装置からの汚染の問題があるが、メカノケミカル効果によって脱水、転移およびその後の熱処理の反応を促進させる利点がある。化学反応法の中では、数種の出発物質を混合し、それを加熱することで固相-固相反応を進行させ、目的組成の複合酸化物を容易に作製できることから、固相反応法が多く利用されている。

5.2.4 生体用セラミックス

骨の修復や代替には、耐蝕性のあるコバルトクロム合金、ステンレスおよびチタン合金などの金属、生体内で安定なポリエチレン、ケイ素樹脂などの高分子が使用されてきた。しかしながら、耐食性のある金属からも金属イオンが、安定だと考えられる高分子からは未反応モノマーや可塑剤が溶出する可能性がある。これらの溶出成分が、人体に害を与える可能性がある。一方、セラミックスやガラスは、生体に有害な成分を溶出する可能性が低く、生体親和性や骨と強い結合を作ることができるため、注目されている。生体の骨と化学結合する骨補修材料としては、SiO_2-P_2O_5-CaO-Na_2O 系ガラスがはじめてで[10,11]、わが国では、小久保らによって、骨と強く接着し、機械的強度が優れている SiO_2-P_2O_5-CaO-MgO-CaF_2 結晶化ガラスが開発されている[12,13]。この結晶化ガラスは、アパタイト($Ca_{10}(PO_4)_6(O, F_2)$)およびウォラストナイト($CaSiO_3$)の結晶が析出しており、AW-結晶化ガラス(Cerabone AW)と呼ばれ、脊椎骨、腸骨などのインプラント材料に使用されている[14]。

他に、生体用に用いられるセラミックスとしては、β-放射性同位体の ^{90}Y を含む Y_2O_3 球状微粒子や $40SiO_2$-$40Y_2O_3$-$20Al_2O_3$ ガラス球状微粒子(wt%)がある。これらの微粒子は、カテーテルによって毛細血管中に導入され、癌細胞部位に集中し、β線を放射することによって癌細胞を抑制させる[15-17]。

このように、セラミックスは、人類の長寿命化に一役かっている。また、様々な成分でできた多孔質セラミックスは、酵素や微生物の担持体やフィルターとしてバイオ関係に利用されている。

5.3 高分子材料

5.3.1 高分子材料の定義と特徴

　タンパク質、天然ゴムなどの「天然高分子」、酢酸セルロースなどの「改質天然高分子」およびシリコーン、ポリエチレンなどの「合成高分子」はその性質、合成法、産出状態などは異なるがいずれも「高分子材料」である。天然ゴム、皮革などは金属よりもはるか以前から人類に利用されている有機系の天然高分子である。高分子材料の強度、融点、熱的安定性などの物性はその分子量により大きく変化する。一般的に、分子量が約 10,000 以上の物質を「高分子（Polymer）」、分子量が約 1,000 以下の物質を「低分子（Monomer）」と分類する。また、高分子と低分子の中間の分子量を有する物質（分子量が約 1,000〜10,000）は「オリゴマー（Oligomer）」と呼ばれている。これらの分類に明確な線引きは存在しないが、物質の物性が著しく変化する分子量は一般的に約 10,000 以上といわれており、この値以上の分子量を有する物質が「高分子材料」と定義される（図 5.3.1）。

　高分子材料における原子の結合は、共有結合（Covalent bond）とファン・デル・ワールス結合（van der Waals bond）の複合様式である。ちなみに、金属材料の原子の結合様式は金属結合（Metallic bond）、無機材料の原子の結合はイオン結合（Ionic bond）と共有結合の複合様式である。金属結合、共有結合およびイオン結合は大きい結合エネルギーを有しているが、分子間結合であるファン・デル・ワールス結合の結合エネルギーは小さい。したが

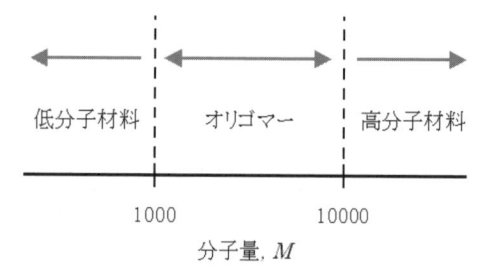

図 5.3.1　分子量による低分子材料、オリゴマーおよび高分子材料の分類

5. 安心・安全・信頼のための実用材料の基礎と製造プロセス

って、民生品などに使用される高分子材料の力学的強度は金属材料および無機材料よりも一般的に低い。しかしながら、低分子材料は強度や伸びをほとんど示さないものの、高分子材料はそれらの化学結合（原子価エネルギー）によって形成された分子が分子間力（凝集エネルギー）により集合した物質塊であるため、分子量を大きくすることで金属に匹敵する強度を得ることが可能である。

有機化合物の分子量と物性（強度および融点）の関係を図 5.3.2 に示す。高分子材料の強度などの物性はある分子量（M_0）から発現し、物性値は分子量の増加に伴い増加するが、ある分子量（M_s）でほぼ一定の値となる。M_0

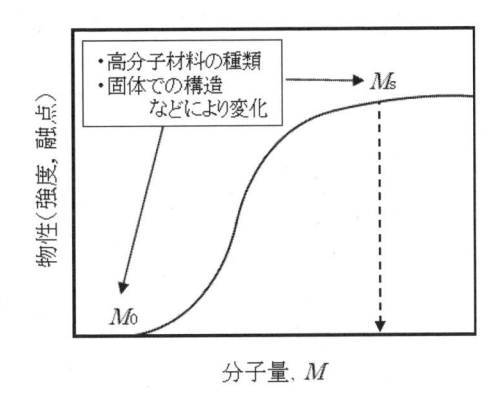

図 5.3.2　有機化合物の分子量と物性（強度および融点）の関係

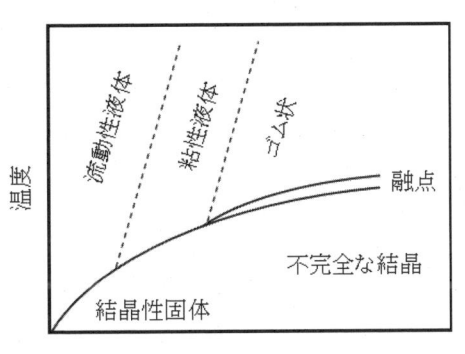

図 5.3.3　有機化合物の分子量と溶融状態の関係

および M_s の値は高分子材料の種類や固体での構造により変化する。また、有機化合物の分子量と溶融状態の関係を図 5.3.3 に示す。低分子材料は低温では硬い結晶性の固体であり、明瞭な融点や沸点を有するためそれらを境として固体、液体、気体に形態変化する。一方、高分子材料はある幅を持った軟化温度で軟化した後にゴム状の形態をとり融解するが、それ以上の温度に加熱しても気体にはならずに分解する。

低分子材料は同じ大きさの分子により構成されているため、分子量が一定である（単分散）。一方、高分子材料は基本的には低分子（モノマー）の繰り返し構造を有するが、異なる分子量を持つ同族体の混合物であるため（多分散）、高分子材料の分子量は図 5.3.4 に示すような平均値として表される。

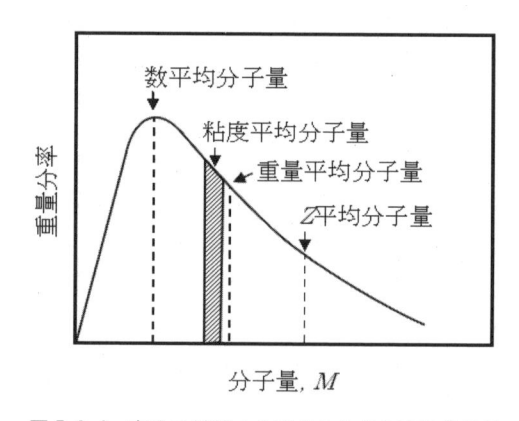

図 5.3.4　高分子材料の分子量の分布と平均分子量

有機化合物の分子構造の例として、ポリエチレン、熱可塑性プラスチック、ゴムの分子構造を図 5.3.5 に示す。プラスチックの構成要素は分子鎖であるため、モノマーであるエチレンが重合することによりポリエチレンが生成される。熱可塑性プラスチックの分子鎖は互いに結合していないのが特徴である。一方、熱硬化性プラスチックは熱反応による硬化前には細い分子の構造を有するが、熱反応により分子同士が架橋して巨大高分子となる。ゴム状の物質では分子鎖はゆるい網目状構造をとるが、硫黄原子による加硫により強

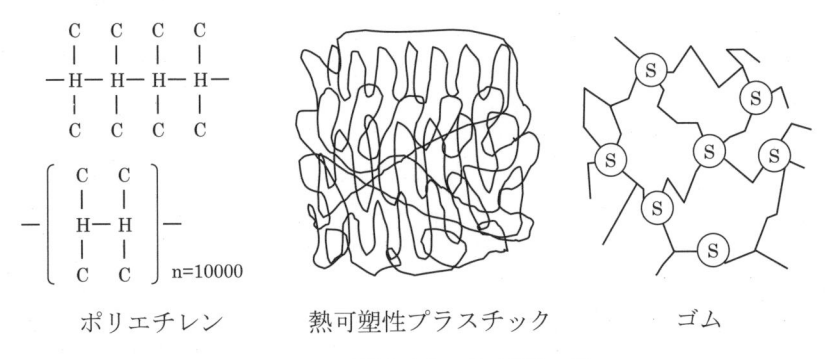

図 5.3.5　有機化合物の分子構造の例

ポリエチレン　　熱可塑性プラスチック　　ゴム

固な結合を得ることができる。

5.3.2　高分子材料の分類とその種類

我々の身の回りではプラスチック材料、エラストマー（ゴム）材料、接着剤などの高分子材料が多く使用されている。プラスチック材料は軽量、電気絶縁性、断熱性、酸やアルカリに強い、騒音や振動を吸収するなどの長所を有するが、もともと石油から製造されているため燃えやすく、さらに熱や紫外線により劣化して強度が低下する、低温で脆くなるなどの短所がある。大部分のプラスチック材料の耐熱温度は約300℃であるが、耐熱性高分子材料として使用されている全芳香族ポリイミドの熱変形温度および連続使用温度は360℃および260℃である。

プラスチック材料については、高分子化学の観点からは熱可塑性プラスチック（thermo plastic）と熱硬化性プラスチック（thermo set plastic）に分類される。現在使用されている熱可塑性プラスチックおよび熱硬化性プラスチックの名称とその略号を表5.3.1および表5.3.2にそれぞれ示す。

熱可塑性プラスチックは加熱と冷却により軟化と固化を繰り返すことができるため、製品形状に一度成形しても加熱することにより再利用が可能であるが、再利用により性質は劣化する。これに対して、熱硬化性プラスチックは加熱することで架橋反応が進行して固化するため、製品形状に成形した後

表 5.3.1 熱可塑性プラスチックの名称とその略号

名　　称	略号	名　　称	略号
スチレン - アクリロニトリル	AS	ポリプロピレン	PP
アクリロニトリル - ブタジエン - スチレン	ABS	ポリフェニレンオキサイド	PPO
高密度ポリエチレン	HDPE	ポリフェニレンサルファイド	PPS
ポリアミド	PA	ポリスチレン	PS
ポリブチレンテレフタレート	PBT	ポリスルフォン	PSU
ポリカーボネート	PC	ポリテトラフルオロエチレン	PTFE
ポリエチレン	PE	ポリビニルクロライド	PVC
ポリエチレンテレフタレート	PETP	ポリビニルアセテート	PVAC
ポリメチルメタアクリレート	PMMA	ポリビニリデンクロライド	PVDC
ポリオキシメチレン	POM		

表 5.3.2 熱硬化性プラスチックの名称とその略号

名　　称	略号	名　　称	略号
エポキシ樹脂	EP	ポリウレタン	PUR
メラミン樹脂	MF	シリコーン樹脂	Si
ジアリルフタレート	PDAP	尿素樹脂	UF
フェノール樹脂	PF	不飽和ポリエステル	UP
ポリイミド	PI	ポリエーテルエーテルケトン	PEEK

には再利用することはできない。しかしながら、架橋高分子材料である熱硬化性プラスチックは優れた耐熱性、耐薬品性などの化学的安定度性を示す。

　また、強度、耐熱性およびコストの観点からは安価な汎用プラスチックと強度、耐熱性などに優れたエンジニアリングプラスチックに分類される。常時 100℃以上の高温環境で安定して使用でき、引張強さが 50 MPa 以上、弾性率が 2 GPa 以上、さらに優れた衝撃強さも兼ね備えたプラスチックがエンジニアリングプラスチックと呼ばれている。したがって、エンジニアリングプラスチックの多くは耐薬品性、耐摩耗性、耐疲労性などに優れる熱硬化性プラスチックである。前述の全芳香族ポリイミドは一般的なエンジニアリン

5. 安心・安全・信頼のための実用材料の基礎と製造プロセス

グプラスチックよりもさらに高い耐熱性を有するため、「スーパーエンジニアリングプラスチック」に分類される。ただし、エンジニアリングプラスチックの製品コストは汎用プラスチックと比較して数倍にもなるため、コスト面では金属材料や無機材料に対するメリットを得ることは難しくなる。

　代表的な汎用プラスチックおよびエンジニアリングプラスチックの化学構造式を図 5.3.6 に示す。PBT は耐アルカリ性や耐熱水性が低い、PC は耐薬品性が低い、POM は易燃性、耐候性が低く接着性も悪い、PPO は有機溶媒に侵されるなどの短所がある。また、種々のプラスチックの引張強さと熱変形温度（荷重 1.82 MPa）の関係を図 5.3.7 に示す。ガラス繊維、炭素繊維などと複合化することにより強度、耐熱性などのさらなる改善が期待できる。

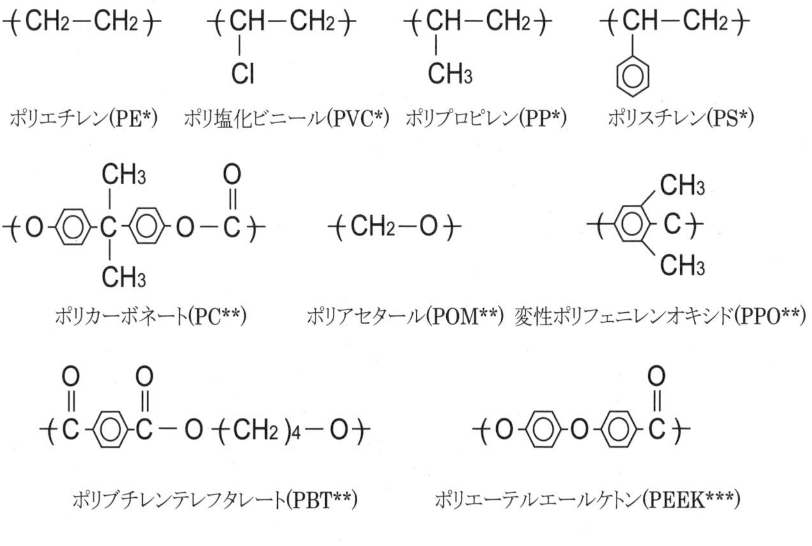

ポリエチレン(PE*)　　ポリ塩化ビニール(PVC*)　ポリプロピレン(PP*)　ポリスチレン(PS*)

ポリカーボネート(PC**)　ポリアセタール(POM**)　変性ポリフェニレンオキシド(PPO**)

ポリブチレンテレフタレート(PBT**)　ポリエーテルエールケトン(PEEK***)

　* 汎用プラスチック　　** エンジニアリングプラスチック　　*** スーパーエンジニアリングプラスチック

図 5.3.6　代表的な汎用プラスチックおよびエンジニアリングプラスチックの化学構造式

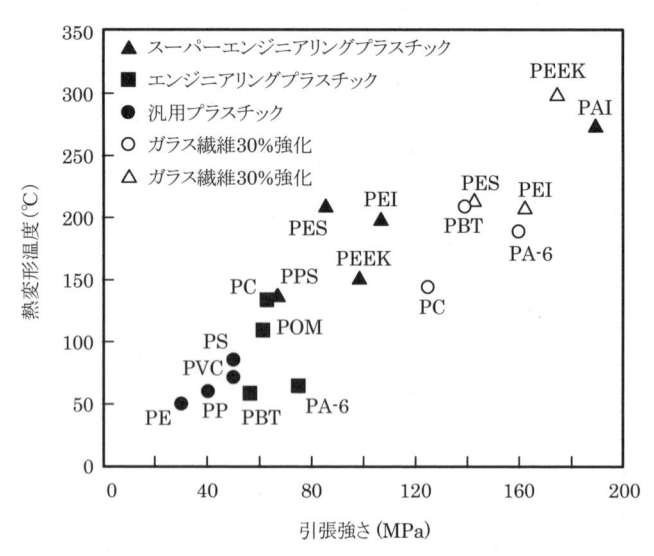

図 5.3.7　種々のプラスチックの引張強さと熱変形温度（荷重 1.82 MPa）の関係 [18-21]

5.3.3　高分子材料の抗菌化の方法

　プラスチックは軽量かつ金属やセラミックスに比べて成形加工性がよいため、調理器具、食器、カード、文房具、水周り製品など、私たちが日常生活で触れる多くのものがプラスチックで構成されている。特に、水周りや不特定多数の人が使用する製品については、衛生上の観点から抗菌性が付与される場合がほとんどである。また、食中毒防止の観点から、調理器具、保存容器などについては抗菌性が最優先されている。プラスチックに抗菌性を付与する場合には、素材に銀、亜鉛、銅、銅合金などの抗菌性を有する金属材料の粉末を混ぜる、あるいは素材に抗菌性の有機化合物を混ぜた後に目的とする製品形状に賦形する方法が一般的に用いられている。抗菌性の有機化合物については、熱に対して不安定なため熱可塑性プラスチックに混ぜることは困難であったが、近年では熱可塑性プラスチックに配合可能な抗菌性有機化合物も開発されている。
　また、抗菌性を有する化合物を重合させる方法、カテキン、ヨウ素などの

天然由来の抗菌物質を混ぜる方法、製品形状に賦形した後に製品表面に抗菌性を有する金属薄膜を形成させる方法、その他、抗菌性物質を製品に付着、被覆する方法、など多くの方法によりプラスチック材料に抗菌性が付与されている。

5.4 複合材料

二つ以上の異なる素材を一体的に組み合わせた材料を複合材料（composite material）という。複合化する素材の長所を組み合わせることにより、単一材料と比較して、優れた特性を有する材料を作り出すことが可能である。複合材料の例として、母材（マトリックス）の中に、強化材を分散させたものがあり、その強化材の分散形態から、図 5.4.1 に示すように、並列型、直列型および分散型に分けられる。

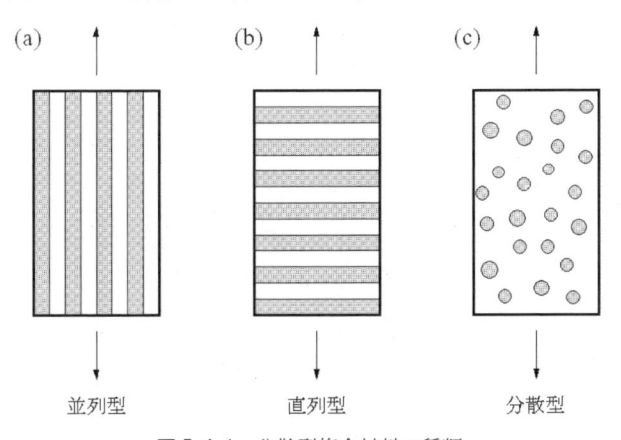

図 5.4.1　分散型複合材料の種類

複合材料の性質を予測する簡単な複合則として、

$$E^* = E_a f_a + E_b f_b \quad (並列) \tag{5.4.1}$$

$$\frac{1}{E^*} = \frac{f_a}{E_a} + \frac{f_b}{E_b} \quad (直列) \tag{5.4.2}$$

がある。ここで、E と f はそれぞれ、複合材料を構成する各々の材料の性質と体積率である。一般的には、並列が上限を、直列が下限を与える。

　強化材を分散させた複合材料では、図 5.4.2(a)に示すように微視的には不均質であるが巨視的には均一組成となる。そのため、弾性率や抗菌性能といった材料特性も微視的な視点から見ると非均質であるものの、巨視的には均質とみなせる。

　抗菌性を材料に付与する場合、材料表面のみに抗菌材料を配した複合材料がよいであろう。これが材料の表と裏とで与える性質を積極的に変えた図 5.4.2(b)に示す積層型複合材料（コーティング複合材料）である。しかし、この複合材料には素材 A と素材 B との間に巨視的界面が存在する、といった問題がある。すなわち、巨視的界面において材料特性が素材 A のそれから素材 B のそれへと急激に変化するため、材料製造時や材料使用時に剥離が生じてしまう。例えば、Al 合金などの金属材料の表面に TiO_2 粒子をコーティングした抗菌複合材料の表面 TiO_2 層は、材料の使用中に剥離しやすく、その固定化が問題となっている [22]。

　この欠点はこの急激な特性変化をもたらす巨視的界面をなくすことによっ

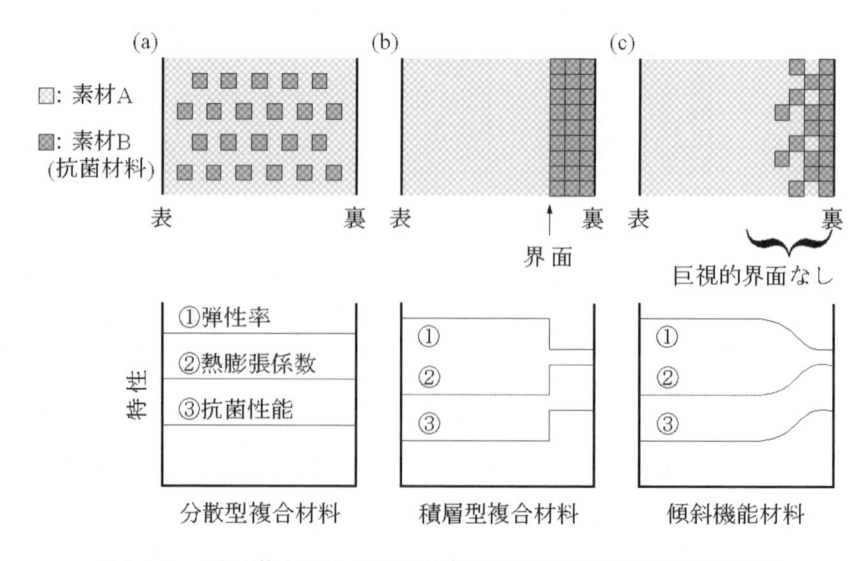

図 5.4.2　分散型複合材料、積層型複合材料および傾斜機能材料の模式図

て解消できる。このような概念から傾斜機能材料が生まれた。図 5.4.2(c)に傾斜機能材料における断面模式図と特性変化を示す。図のように、材料特性が材料内で連続的に変化しており、いわゆる異相界面は存在しない。

　傾斜機能材料の製造においては、材料設計に応じ、組成分布と組織とを自由に制御できる技術が要求される。素材の組み合わせや大きさ、形状により、多種多岐の傾斜機能材料製造方法が提案されている。一例として、プラズマツイントーチ溶射法の模式図を図 5.4.3 に示す [23]。2 台のプラズマトーチを用い、基板材料に基板材料と同一の素材 A と抗菌材料である素材 B とを独立に溶射することにより、表面に抗菌性能を有する任意の組成傾斜の傾斜組成皮膜の形成が可能である。プラズマツイントーチ溶射法では、2 台のプラズマトーチを独立に制御するので、それぞれの素材の特性に適合した溶射条件が選定できる。また、両トーチの相対位置を調整することによって基材面の同一地点に素材 A と素材 B とが同時に溶射積層できる。

　粉末冶金法によって傾斜機能材料の製造が可能である [23]。図 5.4.4(a)に示すように、素材 A および抗菌材料である素材 B を調合し、よく混合する（図 5.4.4(b)）。次にこの混合粉末を、あらかじめ定められた組成分布に従って、

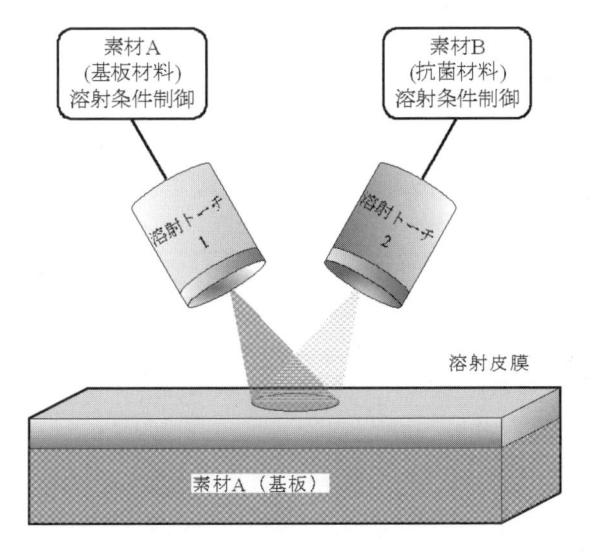

図 5.4.3　プラズマツイントーチ溶射法による傾斜機能抗菌材料の製造例

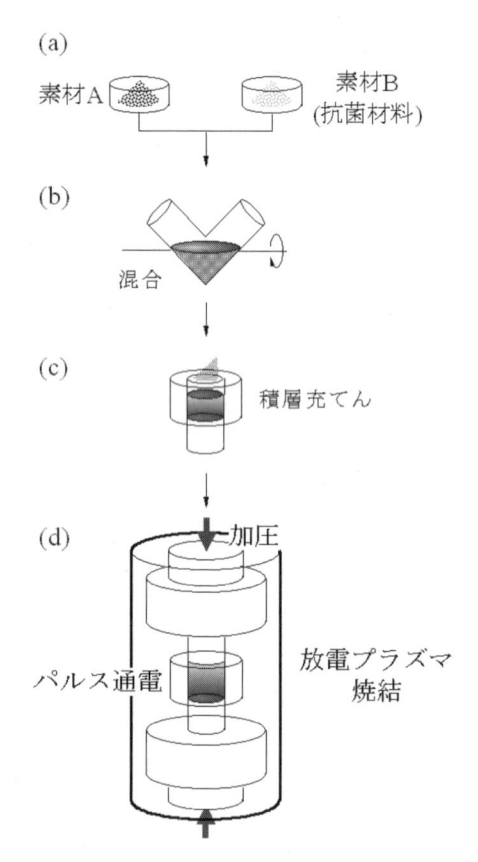

図5.4.4 粉末冶金法による傾斜機能抗菌材料の製造例

組成を変えながら積層充てんする（図5.4.4(c)）。このようにして得られた積層粉末を焼結すれば傾斜機能材料が製造できる。焼結の方法としては、CIP（冷間等方圧加圧）を施した後に常圧加熱での焼結、カプセル封入後のHIP（熱間等方圧加圧焼結）、ホットプレスおよび放電プラズマ焼結などがある。図5.4.4(d)では放電プラズマ焼結の例を示す。

　遠心鋳造法を利用しても傾斜機能材料が製造できる。ここで遠心鋳造法とは高速回転する鋳型に溶湯を注入し、遠心力によって溶湯を鋳型の内壁に押しつけながら凝固させる方法である。抗菌材料である素材B粒子あるいはこ

5. 安心・安全・信頼のための実用材料の基礎と製造プロセス

の素材 B が晶出可能な金属溶湯（素材 A）に遠心力を印加し、主として素材 B 粒子と金属溶湯 A との密度差に起因する、遠心力の差により生じる移動速度差を用いれば傾斜機能材料の製造が可能である。その製造装置の模式図を図 5.4.5(a) に示す [24]。

遠心鋳造中の素材 B 粒子の運動はストークスの定理

$$\frac{dx}{dt} = \frac{|\rho_p - \rho_m| G g D_p^2}{18\eta} \qquad (5.4.3)$$

で表すことができる。ここで、dx/dt、ρ_p、ρ_m、G、g、D_p および η はそれぞれ素材 B 粒子の移動速度、粒子の密度、金属溶湯（素材 A）の密度、重力倍数、重力、粒子径および見かけの粘性である。この式からわかるように、素材 B 粒子の運動速度は金属溶湯と素材 B 粒子の密度差、重力倍数および素材 B 粒子径の二乗に比例する。したがって、同じ密度の粒子の場合、大きい粒子の移動量は小さい粒子と比較して大きい。このため、製造した傾斜機能材料において、粒子の体積分率と同時に粒子径も位置ごとに変化した傾斜機

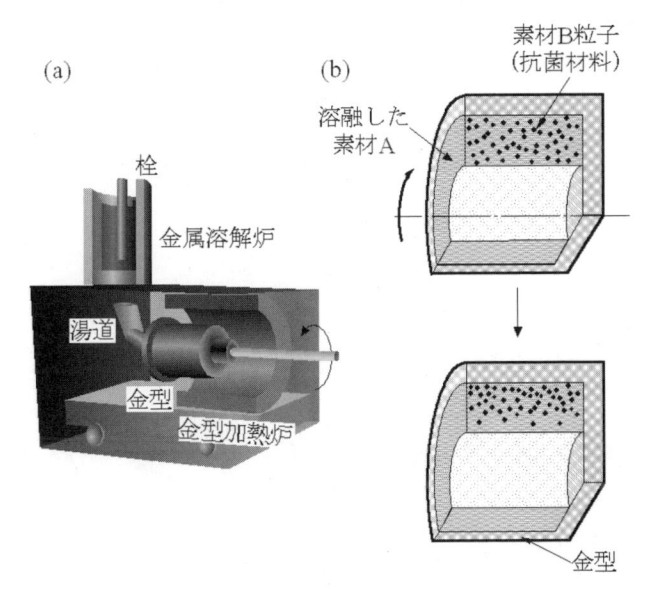

図 5.4.5　遠心鋳造装置と遠心力場での抗菌材料粒子の移動

能材料となる。金属溶湯中の素材 B 粒子の運動による組成傾斜形成の模式図を図 5.4.5(b) に示す。

一般的に光触媒材料として用いられるアナターゼ型 TiO_2 粉末の一次粒子径は数百 nm 以下である。そのため、(5.4.3) 式から予測できるように、従来の遠心鋳造法を用いた場合、微細 TiO_2 粒子は遠心力場での運動速度が小さすぎる。そのため、従来の遠心鋳造法での傾斜機能材料化は困難である。

これに対し、遠心力混合粉末法を用いることにより、材料表面に微細な抗菌材料粒子を配した複合材料の製造が可能である。遠心力混合粉末法の概要は以下のとおりである[25]。

まず、抗菌材料粒子と母材金属粉末によって構成された混合粉末を回転可能な金型内に配置する（図 5.4.6(a)）。この金型を回転させ、その金型内部へ母材金属の溶湯を注湯する（図 (b)）。遠心力による加圧のため、抗菌材料粒子間の隙間にくまなく母材金属が行き渡る。同時に、注湯された母材金属の熱により金型内に配置された混合粉末のうち、母材金属粉末が溶融する。この状態で冷却を行えば、パイプ形状の材料において、表面層に抗菌材料粒子が分布した複合材料が得られる（図 (c)）。遠心力混合粉末法の特長は、母材との濡れ性が悪い微細抗菌材料粒子を分散させることが可能である点、混合粉末に母材粉末が用いられているため、微細抗菌材料粒子が母材によって強固に固定される点、注湯する溶融材料が、固体抗菌材料粒子を含む複合材料（サスペンジョン）ではないため、粘度が低く、製造の歩留まりが高い点などである。

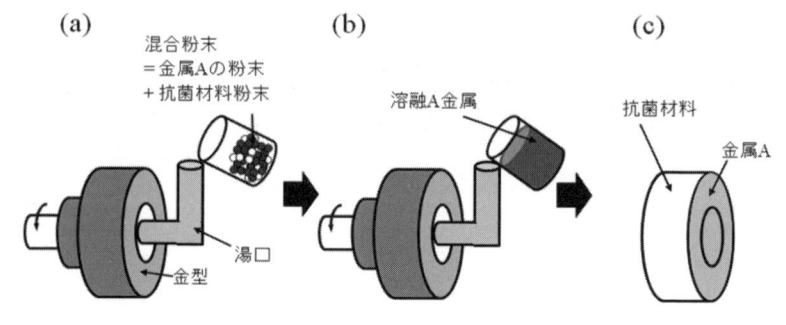

図 5.4.6　遠心力混合粉末法による抗菌材料を表面に配した複合材料の製造方法

5.5 粉末材料

5.5.1 微粒子の性質

固体粒子の集合体は粉体と呼ばれ、化粧品や医薬品を含む幅広い産業分野で利用されている。近年、ナノテクノロジーが注目されており、ナノサイズの金属やセラミックス粒子を利用した新機能材料の開発研究が盛んに行われているが、この傾向は抗菌材料としての粉末材料でも同様に見られる。ナノメートル領域の大きさの粒子は、ナノ粒子あるいはクラスターと呼ばれている。バルク材料ではアボガドロ数程度（～10^{23}）の原子集団であるのに対して、ナノ粒子ではせいぜい $10～10^4$ 個の原子集団である。このため、バルク材料と異なる様々な物理的、化学的性質を示すことが知られている。この特異な性質はその起源から（1）表面効果、（2）量子サイズ効果に大別できる[26-29]。

(1) 表面効果

粒子サイズが小さくなると、粒子内部の原子数に対して表面に存在する原子数が増加する。このため、表面の存在が無視できるバルク材料とは事情が異なってくる。例えば、一般的に融点は粒子サイズの減少に伴い低下する。バルク固体ではイオン結合や金属結合といった原子間結合により結晶格子を組んでいる。固体の温度が上昇すると、温度に比例した熱エネルギーが原子に与えられ結晶格子が揺さぶられる。これを格子振動という。温度が高くなると格子振動が激しくなり、およそ格子間隔の10％以上の振幅で振動するようになると融解が起こる。これはリンデマンの経験則として知られている。格子振動の振幅が大きくなると、その振動数は低くなり、融点では零になる。この振動数の低下を「格子振動のソフト化」という。

通常、表面の原子間結合は粒子内部のそれよりも弱い。図 5.5.1 に示すように、特に表面に垂直な方向には動きやすく、低い振動数の格子振動が生じている[26,27]。ナノ粒子では表面原子の割合が大きいため、格子振動のソフト化が起こっている。例えば、金のナノ粒子ではサイズが 5nm ほどになるとバルク固体の融点 1,064℃ がおよそ 800℃ まで低下する（図 5.5.2）[28]。また、

図 5.5.1　表面効果−格子振動のソフト化

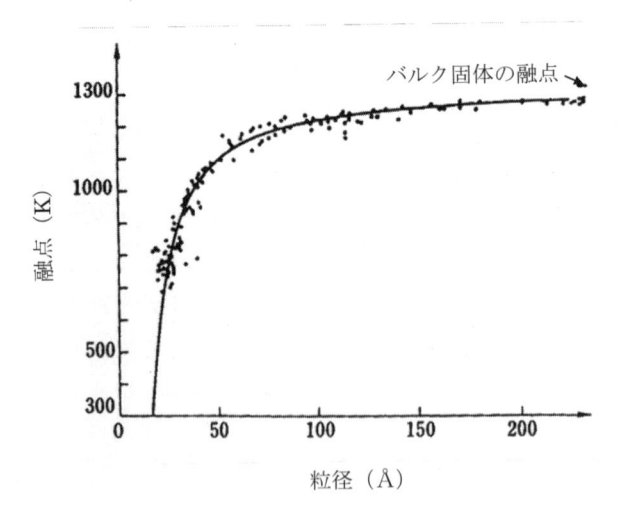

図 5.5.2　金ナノ粒子の融点（D.A. Buffet and J.P. Boel, Phys. Rev., **A13** (1976) 2289）

　超伝導は電子と格子振動間の相互作用に由来するが、バルク固体で超伝導を示す物質をナノ粒子にすると、格子振動のソフト化により常伝導−超伝導転移温度（T_c）が上昇する[27]。
　抗菌材料として重要なのは、表面にある原子は結合が切れたいわゆる不飽

和結合によって、化学的に活性な状態にあるという事実である。単純に比表面積が大きくなると活性度が増すのではなく、特定の大きさで特に活性度が増す場合がある。例えば、Fe_nクラスターと水素分子の吸着実験では n = 10 で反応速度の極大が見られる[26]。もちろんすべての反応がサイズに依存するというわけではない。触媒には活性点と呼ばれる触媒作用が特に強い位置がある。金属では表面のキンクやテラスといった所が活性点になる場合が多い。

(2) 量子サイズ効果

物質の大きさを小さくしていくと、図 5.5.3 に示すように電子のエネルギー準位の間隔 δ が次第に増大していき、連続的な状態から離散的な状態へ変化する。このとき、低温で比熱や磁化率といった物理量にバルク固体との違いが現れる。この現象は「久保効果」[27]として知られており、電子のエネルギー準位の間隔が熱エネルギーよりも大きくないと現れない(離散性条件:$\delta > k_B T$)。このとき、比熱や磁化率のような電子の配置に強く依存する物理量は、電子が偶数個あるか、あるいは奇数個あるかでかなり異なるといったように電子数に敏感になる。今、半径 a の粒子に 1 個の電子の過不足が生じたとき、その静電エネルギーは $W = e^2/2a$ だけ増加する。これが熱エネルギー $k_B T$ より十分大きければ電子の過不足は生じない(電気的中性条件:$W > k_B T$)。外部から電子が 1 個でも加わるとその物理的性質が大きく変化するのであるから、これが許されない電気的中性条件を満たす大きさの粒子が、同時に離散性条件が成り立つ低温度領域で、「久保効果」と呼ばれる量子サイズ効果を示す。

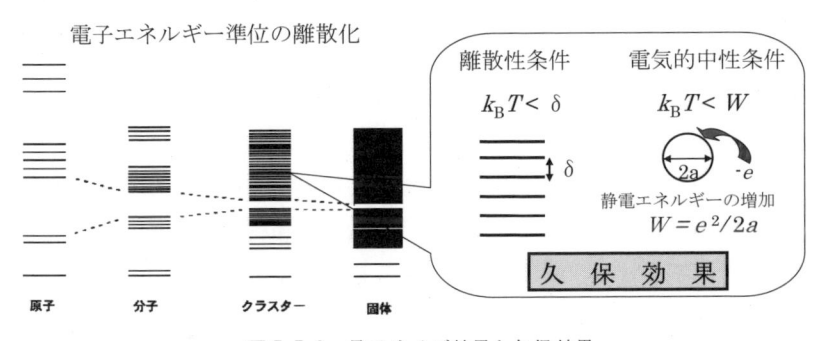

図 5.5.3 量子サイズ効果と久保効果

比熱や磁化率の異常といった久保効果以外にも、電子の運動が制限され、互いに干渉しあって電場や磁場などに対する応答が非線形的になったり、いったん励起された電子が元の状態に戻りにくくなって緩和時間が増加したりする現象が観測される[27,29]。

さて、微粒子の作製方法を物質の大きさが変化する方向で分類すると、原子、分子を凝集させて固体粒子が形成するビルドアップ法と、バルク固体を構成する原子結合を切って細分化するブレイクダウン法に大別できる。また、微粒子作製プロセスが物質のどの相を経由するかで、気相法、液相法、固相法といった分類が可能であり、さらにそのプロセスが物理的かあるいは化学反応を利用しているかで物理的方法と化学的方法という分け方も可能である。

あまり細分化すると全体をつかみにくくなるので、詳しい解説は専門書に譲ることとし、ここでは大雑把に「ビルドアップ法」と「ブレイクダウン法」に分けて説明しよう。それぞれの作製方法には、量産性や製造コスト、また作製できる粒子のサイズや形状、分散状態などに特徴があるので、目的に応じた作製方法を選択する必要がある。一般的に、気相法は純度が高く粒子径が小さいが量産性とコストの面で不利である。反対に、固相法は量産性とコストの面で有利であるが、粒子径を小さくすることが困難であり、また意図しない酸化など不純物が入りやすい。一方、液相法は不純物混入の制御が難しいが、比較的高い量産性と低い製造コストの面から機能性材料の広い分野で選択肢に入る製造方法である。

5.5.2 ビルドアップ法

ビルドアップ法はプロセス雰囲気により気相法と液相法に分けることができるが、共通していることは、原子や分子が過飽和状態から核生成し、それが成長して微粒子が形成されることである。熱力学的な古典的核生成理論が古くから議論されているが、ここでは均一な過飽和状態から所を選ばずに均一に核が形成する「均一核生成」について概説する。

(1) 過飽和状態と核生成

気相法による微粒子の生成では、最初に原料となる原子（蒸気）が真空中

を自由に動き回っている。たまたま原子同士が衝突すると 2 原子の会合体（2 量体）を形成するが、このとき、第 3 番目の原子がある時間内に衝突しなければ、2 量体はもはや安定には存在できない。なぜなら、それが安定に存在するためには化学結合をしなければならず、その結合エネルギー分のエネルギーをどこかに放出しなければそのうち離脱してしまうからである。このような衝突を 3 体衝突というが、これがかなりの高確率で生じるためには高濃度の原料原子と冷却ガスとなる気体原子・分子が存在していなければならない。この状態を過飽和状態、その度合いを過飽和度といい、次式で与えられる[30]。

$$\sigma = \frac{p - p_e}{p_e}$$

ここで、p は実際の蒸気圧、p_e は平衡蒸気圧である。

さて、3 体衝突を繰り返した結果、「臨界核」と呼ばれる原子が数個から数十個会合した微小なクラスターが形成される。これより大きなクラスターは、結合エネルギーを振動などの内部自由度で吸収することができ、原料となる原子が衝突すると連続的に成長する。クラスターを球と仮定すると、過飽和蒸気相の中に半径 r のクラスターが生成したときの系の自由エネルギー変化 $\Delta G(r)$ は、次式のように体積自由エネルギーと表面エネルギーの寄与の和で表される。

$$\Delta G(r) = -\frac{4\pi r^3}{3}\Delta G_V + 4\pi r^2 \gamma$$

ここで、ΔG_V（>0）は原子が凝集してクラスターを形成したときの単位体積当たりのエネルギー変化量（化学的駆動力）、γ は単位面積当たりの表面エネルギーである。$\Delta G(r)$ と r の関係を図 5.5.4 に示す。$\Delta G(r)$ は臨界半径 $r_c = 2\gamma / \Delta G_V$ で極大値

$$\Delta G^* = \frac{16\pi \gamma^3}{3\Delta G_V^2}$$

を取ることがわかる。この $r = r_c$ のクラスターが臨界核である。また、r が

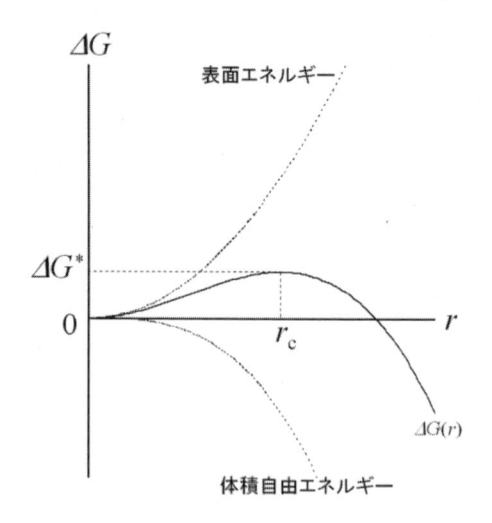

図 5.5.4 結晶核の半径と自由エネルギー変化量の関係

r_c よりも小さな原子小集団はエンブリオと呼ばれ、偶然形成されても自然に消滅してしまうが、たまたま $r > r_c$ の原子小集団、すなわち結晶核が生成すると、これらは安定でさらに成長を続けるのである。ところで、ΔG_V は最初に出てきた過飽和度を用いて、

$$\Delta G_V = \frac{k_B T}{v_a} \ln(1+\sigma)$$

で与えられる。ここで、v_a は 1 原子の体積である。つまり、過飽和度が大きいほど臨界核生成の自由エネルギーは低下し、臨界核の大きさ r_c は小さくなるのである。

液相法による微粒子形成過程も気相法と同様に考えることができる。ただし、液相法では核生成に寄与する溶質原子は溶媒中に分散しており、結合エネルギーは溶媒中に容易に開放される。液相成長の過飽和度は実際の濃度 C と溶解度 C_e を用いて、

$$\sigma = \frac{C - C_e}{C_e}$$

であり、これが大きいほど液相成長の駆動力は大きくなる。この成長過程で

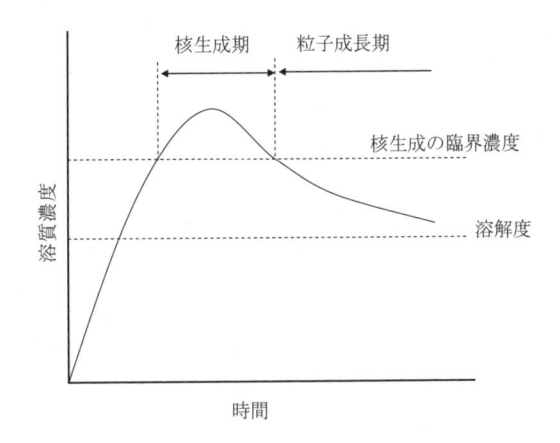

図 5.5.5　液相成長における溶質濃度の経時変化

溶液中の溶質濃度は図 5.5.5 のような時間変化をたどる[31]。サイズのそろった単分散粒子を作製するためには、核生成期をできるだけ短時間で終わらせるか、この時期に粒子成長を起こさせないような工夫を施す。つまり、サイズ単分散の微粒子作製では、速い核生成速度と遅い粒子成長がポイントとなる。粒子の成長速度を遅くし、成長した粒子同士の凝集を防ぐため、粒子の表面に結合する界面活性剤などの直鎖高分子を添加することも重要である。

(2) 気相法による微粒子の作製

気相法によるナノ粒子合成法は、高温の蒸気を冷却して核生成・成長によりナノ粒子を得る物理気相合成法（physical vapor deposition : PVD）と化学反応を伴う化学気相反応法（chemical vapor deposition : CVD）に大別される。

PVD 法によるナノ粒子作製はガス中蒸発法が古くから行われていた。A. Pfund らは約 10^2 Pa の空気中で Au、Ag、Cu、Ni などの金属元素を抵抗加熱により蒸発させて微粒子を作製している[32]。その後、名古屋大学の上田良二により 1970 年代から 1980 年代の後半にかけてガス中蒸発法の技術改良や生成した微粒子の基礎研究が行われた[33]。希ガス中で金属を加熱蒸発させると、金属蒸気はガス中に拡散しつつ次第に冷却され、過飽和状態になって核生成、核成長が起こる。図 5.5.6 に示すように、蒸発面上に蒸気の広がる領

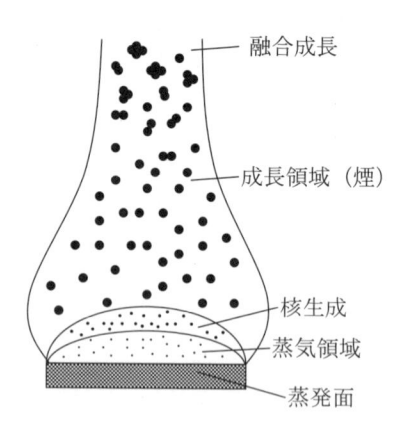

図 5.5.6　不活性ガス中の蒸発と凝集過程

域ができ、その外側で核生成が起こり、ほとんど同時に蒸気の大部分が凝集する。こうして形成された金属粒子は、希ガスの対流により運ばれ、煙となって上昇する。煙は上昇とともに冷え、ここで大部分の粒子は成長する（成長領域）。この後、粒子同士の衝突による融合成長が観察される（融合成長）。粒子のサイズ分布は、ガス圧や温度、雰囲気ガスの種類により変化することが知られている。

　金属蒸気を得る方法としての抵抗加熱は Nb、Mo、W などの高融点金属に不向きである。この場合、電子ビーム蒸発やスパッタリングによるガス中蒸発法が適している。電子ビームを用いたガス中蒸発法による Mo、W の微粒子生成や、$10^2 \sim 10^3$ Pa の Ar ガス雰囲気中でスパッタリングを行う微粒子生成法などがこれまでに報告されている[34,35]。筆者らの研究グループもスパッタリング蒸発によるプラズマ・ガス凝縮クラスター源（図 5.5.7）を開発し研究を行っている[36]。この装置は、Ar 分圧 100〜500 Pa でグロー放電を維持しながら差動排気により高真空中でナノサイズの金属・酸化物粒子を堆積するものであり、直径 2〜15 nm のサイズ単分散性のよいクラスターが作製可能、ルツボを用いないので不純物の混入が少ない、高融点材料にも適応可能である、といった特徴がある。

　気相中における化学反応が関与する微粒子作製法では、高温下でのプロセ

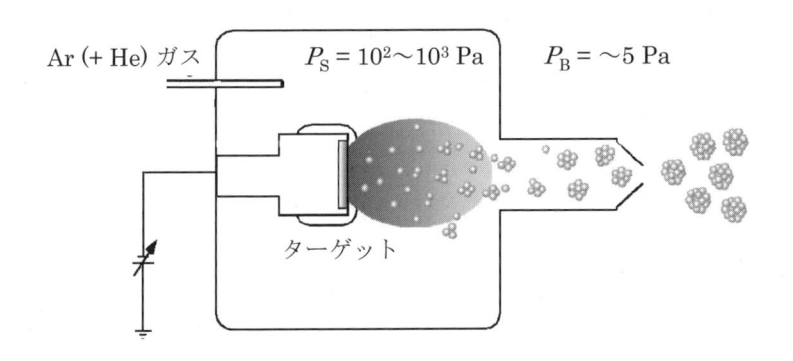

図 5.5.7　プラズマ・ガス凝縮クラスター源の模式図

スである熱 CVD 法が多く利用されている。これには反応器の熱源の種類により電気炉加熱法、燃焼炎法、熱プラズマ法などがあり、酸化チタンやシリカなどの酸化物セラミックス微粒子の工業的生産法として重要である。

　電気炉加熱法は、セラミックス系耐火物を使用した電気炉反応管内で微粒子を作製する方法で、反応ガスの滞在時間を長く取ることができる。このため反応時間の制御が容易で粒子のサイズ制御性に優れており、装置の構成が比較的単純化できるため広く用いられている。

　燃焼炎法は、水素酸素系、炭化水素酸素系などによる燃焼炎の中に金属化合物の蒸気を供給して反応を起こし微粒子を生成する方法で、古くから工業的に広く用いられている。

　熱プラズマ法では、さらに高エネルギーが必要な窒化物、炭化物、純金属微粒子の生成に用いられる。この方法で用いられるプラズマは主にエネルギーの高い熱プラズマであるが、これはエネルギー密度が高く、非加熱物質を短時間で高温にすることができるためである。しかし、そのため粒子の生成が非常に短い時間で終了し、サイズなどの粒子制御が困難になる欠点もある。

　CVD 法では、高温の反応場中での粒子成長が基本であり、粒子同士が凝集する傾向がある。一般的に、凝集速度の特性時間（τ_c）と焼結速度の特性時間（τ_f）の間に $\tau_c < \tau_f$ の関係があるとき凝集粒子が形成され、$\tau_c > \tau_f$ のとき球形粒子が生成することが知られている [37]。

(3) 液相法による微粒子の作製

液相を経由するビルドアップによる微粒子作製法といえば、溶液中に溶け込んだ金属イオンを還元して析出させるなど、溶媒に対して過飽和状態にある溶質原子が、核生成と成長により微粒子を形成する化学的方法を指す。生成した微粒子は電気二重層や粒子表面に吸着した保護コロイドによる粒子間斥力でコロイド分散状態となり、粒子の凝集による粗大化を防ぎながらゲル化、乾燥という手順、あるいは、コロイド分散液に凝集剤を投入したり、遠心分離機にかけたりして微粒子を沈殿させて回収する。

コロイド分散状態を経由する微粒子製造法を総称してコロイド法と呼ぶが、これに関する基礎研究や工業への応用は古くから存在している。教会で見かけるステンドグラスに使われている色彩ガラスは、貴金属や遷移金属の微粒子を溶媒であるガラス中に分散させたもので、コロイド法の身近な例である。R. Maurer は、0.1 から 1.0wt％の $HAuCl_4 \cdot nH_2O$ をガラスに固溶させ、1,400℃で約 8 時間熱処理する方法でガラス中に Au 微粒子を分散させた[38]。熱処理前に何もしないガラスは無色透明のままであるが、太陽光に曝し紫外線を照射すると熱処理後に Au が析出してガラスが赤色に着色するのである。これはガラス中に不純物として含まれるセリア（CeO_2）が紫外線により活性化して Au を還元し、過飽和状態における核生成、成長により微粒子が形成することによる。

溶媒中に微粒子の原料となる溶質原子を供給する手段は多種多様である[37,39]。酸性の溶媒に溶解した金属イオンを、溶媒の pH を調整することで溶解度積を小さくし、酸化物や水酸化物を沈殿させる単純沈殿法や複数種の金属イオンを同時析出させる共沈法は析出反応を利用した微粒子合成法である。また、金属アルコキシドの加水分解による水酸化物や酸化物の微粒子作製法はアルコキシド法あるいはゾル-ゲル法と呼ばれ、W. Stöber によるテトラアルキルシリケートからのシリカ粒子生成が有名である[40]。アルコキシド法は粒子の組成が均一で、非晶質や結晶性の微粒子生成が可能である反面、金属アルコキシドが一般的に高価であり大量生産にはあまり向いていない。光触媒作用による抗菌作用を示す二酸化チタンも、チタンテトラブトキシドやチタンイソプロポキシドといった金属アルコキシドの加水分解で合成する

ことができる。

　最近、二酸化チタンの光触媒の表面をアパタイトで覆った抗菌材料が開発された[41]。アパタイトは生体適合性を持つ材料として知られているが、タンパク質の吸着能があり細菌やウイルスを吸着する。つまりアパタイトで吸着した菌類を、二酸化チタンの光触媒の作用で除菌、分解するという複合機能を持つ。

　液相を経由する化学的方法では、溶媒の温度や溶質濃度、還元方法などにより合成する微粒子のサイズ分布を変えることができる。サイズ分布の制御に関しては、平均粒径が20nm程度の大きさの微粒子では狭いサイズ分布（〜5nm）が得られているが、比較的大きな微粒子（>100nm）のサイズ分布の制御は容易でない。最近では、サイズ分布や粒子形態の制御といった観点から、エチレングリコールなどの多価アルコール（ポリオール）の弱い還元作用に基づく金属粒子合成法が注目されている[39]。

　多孔質の固体、例えばシリカゲルを担体として、この細孔の中にAg、Cu、Znの金属あるいは酸化物微粒子を担持させた抗菌材料が開発されている。シリカゲルの表面に $AgNO_3$ を塗布し還元すると、シリカゲルの空孔に数nmのAg粒子が担持する。この方法は含浸法として知られており、マトリックスとしてゼオライトが用いられることも多い[41]。ゼオライトは四面体構造を持つ SiO_4 と AlO_4 が三次元的に配列したものであり、その細孔径が1nm以下と小さくまた均一である。現在ではおよそ200種類のゼオライトが知られており、細孔径の大きさを目的に応じて選ぶことができる。また、三次元的な空間の配置にもいくつか種類があるため、多様な試料作製が可能である。

5.5.3　ブレイクダウン法

　ブレイクダウンによる微粒子作製法のほとんどは物理的方法であり、固体原料を粉砕する固相法と原料の溶融状態から急冷凝固により微粒子を得る液相法がある。

　固体に圧縮、剪断、衝撃などの機械的エネルギーを加えることで、原子・分子同士の結合を切り、細分化された粒子を得る方法を総称して「粉砕」という。延性を示す金属材料は粉砕には不向きであるが、脆性破壊するセラミ

ックス材料はこの方法で微粒子を得ることが多い。粉砕は乾式法、湿式法、冷凍法に大別される。

乾式粉砕のジェットミルは、ノズルから噴射される高圧の空気を超高速ジェットとして粒子に衝突させ、粒子どうしの衝撃によって数ミクロンのレベルの微粒子にまで粉砕する方法である。この方法は、粉砕による温度上昇が比較的少ないため、融点の低い物質の粉砕に適しており、食品、医薬品、印刷用トナーなどの製造に用いられている。

湿式粉砕は、液体の溶媒中で粉砕する方法で、乾式よりも粉砕効率がよいとされる。また、乾式法と比較して粒子同士の凝集を抑制することが可能である。原料スラリーを、直径数 mm 程度の粉砕ボールとともにローターで撹拌する媒体撹拌型湿式粉砕器や連続型湿式媒体撹拌ミルなどが、触媒、医薬品、酸化物系セラミックスなどの粉砕に使用されている。

冷凍粉砕は、液体窒素などの冷媒を使用して、原料の温度を脆化点以下に冷却して粉砕する方法で、室温で粉砕が困難な食品や有機材料などを粉砕するのに有効である。ボールミルを使用する粉砕では、ボール径が小さくなるほど得られる微粒子の大きさが小さくなるが、細分化できる限界(粉砕限界)があり、現在では平均粒径が 0.5 μm 程度の微粒子を湿式法で得ることができる[42]。

一方の液相法では、アトマイズ法が焼結鍛造や熱間等方圧加圧法 (HIP) による粉末冶金技術の分野で重要である[39]。この製法は溶融した金属(溶湯)を微粒化する技術であり、直径数 μm から数百 μm の金属粒子の量産に適している。微粒子の元になる合金などの原料を加熱溶解後、細穴から溶湯を噴出させ細い流れを作り、周囲から希ガスや水などのジェット流を吹きつけて溶湯を細かく断裂させ液滴を形成させる。このとき、生成した液滴は自由落下中に冷却されて凝固し微粒子が生成するのである。水を利用する水アトマイズ法に比べて、ノズルから圧縮ガスを噴射するガスアトマイズ法は、充填密度の高い球状粒子が形成されやすい特徴がある。

5.6 表面処理 [42-45]

5.6.1 表面処理と薄膜

表面処理（surface treatment、surface finishing）とは、めっきや塗装など、素材表面の性質を高めるために行われる機械工作法の一種である。素材表面の性質として機械的性質（硬度、耐摩耗性、潤滑性など）、電気的・磁気的性質（伝導性、高周波特性、磁性など）、光学的性質（装飾性、反射特性、耐候性など）、熱的性質（耐熱性、熱伝導性、難燃性など）、物理的性質（接着性、多孔性など）、化学的性質（耐食性、耐薬品性、抗菌性など）などがある。表面処理の方法は多く存在するが、本書では、単原子層から $10\,\mu m$ 程度の薄い膜である薄膜の作製方法および特徴について取り上げる。

5.6.2 薄膜作製法の分類

薄膜の作製法は大きく分けて、物理的方法と化学的方法がある。

物理的方法は、薄膜の材料となる物質に熱エネルギーか力学エネルギーまたは、電磁気学的エネルギーを与えて、気化（空間中に原子、分子あるいは少数の集合体クラスター状態で存在している）し、基板表面で凝集させて作製する方法である。熱エネルギーを与えて（加熱して）作製する方法を真空蒸着と呼ぶ。加熱方法によりいくつかに分かれる。力学的エネルギーを与えて作製する方法として、高速粒子を薄膜の材料物質をターゲットとして衝突させ、ターゲット原子をはじき出して気化させる。これをスパッタリング法と呼ぶ。高速粒子の発生方法とターゲットへの衝突のさせ方によっていくつかの方法に分かれる。

化学的方法は、薄膜材料物質そのものではなく、それを含む化合物の化学反応を利用して作製する方法である。気相中での化学反応を利用するものをCVD法、溶液中での反応を利用するものをめっき法（湿式法）と呼ぶ。また、材料を酸によって酸化させる陽極酸化法がある。表5.6.1および表5.6.2に作製法の分類、原理、特徴、適応材料、応用例をまとめた。

表5.6.1 薄膜作製の物理的方法

	原理	種類	適用材料・物質	特徴	応用例
物理的方法	真空蒸着法：真空中で薄膜作製物質を加熱して蒸発させ、その蒸気を基板の上に付着させる方法			10^{-4}Pa以下の真空環境が必要。0.2～10数eVの低エネルギーによりソフトな薄膜作製が可能。（一方で、基板との接着が悪い）	光学薄膜（レンズの反射防止膜、特殊ミラーなど）、磁気テープ、ディスプレイ構成の電極・半導体膜・絶縁膜など（プラズマディスプレイや有機EL、液晶ディスプレイなど）、電子部品(抵抗やコンデンサ、半導体集積回路など)、食品包装材（スナック菓子などの袋に用いられているアルミ蒸着フィルムなど）、ファッション素材や建材などがあり、様々な分野に広く利用されている。
		抵抗加熱	金属、導電性物質、誘電体、有機物など	装置構成が比較的容易。	
		電子ビーム加熱	高融点金属、酸化物、半導体、合金化しやすい金属	抵抗加熱では困難な高融点金属、酸化物、半導体、合金化しやすい金属にも適用可能。不純物の混入が少ない。	
		アークプラズマ加熱	金属、導電性物質、誘電体など	高速で大面積基板に薄膜作製可能。	
		レーザーアブレーション	金属、導電性物質、誘電体など	薄膜作製物質の組成を反映した薄膜形成が可能。蒸着速度が遅く大面積基板上への薄膜形成は困難。	
	スパッタリング法：蒸着したい材料をターゲットとして高速粒子をターゲットに照射しターゲット原子をはじき出し、それを基板に堆積させる方法			真空蒸着では比較的困難な高融点材料や合金などの薄膜化が可能。合金ターゲットや複数のターゲットを組み合わせることで広範囲の材料に適用できる。粒子エネルギーは数eV～数十eVと大きく基板への付着強度は強い。真空装置へ高電圧や希ガスの導入などで装置が複雑になる。薄膜形成速度が低い。	
		直流2極スパッタリング	金属、導電性物質など	基板への付着強度は強い。しかし、イオン照射によって2次電子やX線、負イオンが副次的に発生し、これにより基板温度を高めたり、欠陥などを生じさせる場合がある。また、イオン化に用いるガスが膜中に含まれるなどの問題もある。	電子部品、半導体部品、薄膜抵抗、透明導電性薄膜（ITOなど）、など
		高周波2極スパッタリング	誘電体などの絶縁物ターゲット（酸化物誘電体、金属酸化物、シリサイド、窒化物、金属間化合物）		
		マグネトロンスパッタリング	金属および絶縁物ターゲット（酸化物誘電体、金属酸化物、シリサイド、窒化物、金属間化合物）	堆積速度を著しく高められる。金属では、数μm/min程度は容易に得られる。しかしながらターゲットの有効利用効率が30%と非常に悪い。また、磁石を用いて漏洩磁界を作るために、強磁性材料では高速堆積はできない。	
		イオンビームスパッタリング	金属	堆積速度は遅く実用的ではないが、ナノスケールの超格子薄膜など比較的薄く制御が必要な機能性薄膜堆積に適している。	
		イオンプレーティング	金属、導電性物質、誘電体、有機物など	高エネルギー粒子が堆積するために、形成された薄膜の密着性や強度、結晶性などが向上する。膜への照射損傷が大きいため電子デバイスへの製膜には使用できない。	装飾用や耐久性、密着性が要求される表面処理や切削工具、機械部品などへの耐摩耗性、耐腐食性の付与に用いられる。大型の機械部品（タービンブレード）や鋼管、鋼板などが対象になる場合もある。

表 5.6.2 薄膜作製の化学的方法

		原理	種類	適用材料・物質	特徴	応用例
化学的方法	化学気相成長法	ある気体を一つまたは数種類容器の中に入れて高温にすると気体の種類によって反応が起きて蒸気圧の低い物質が生成され析出する方法			下地基板での表面反応を利用する。高真空を必要としないため、製膜速度や処理面積に比して装置規模が大きくなりにくいメリットがある。製膜速度が速く、処理面積も大きくできる。このため大量生産に向く。	
			熱CVD		高純度の薄膜が形成できる、被覆性が良い、装置構成が比較的簡易、プラズマによる損傷が無い、選択成長が可能、などの長所を有する。一方短所としては、利用できる製膜温度や基板・原料ガスに制約があること、低温では膜の質が落ちやすい。	カーボンナノチューブなど
			有機金属CVD	Trimethylgallium+AsH$_3$ 基板としてはサファイアやSiC	原子層レベルの成長速度制御性がある。	光・電子デバイス用の化合物半導体（GaAs、GaNなど）
			プラズマCVD	SiH$_4$＋NH$_3$、TiCl$_4$＋CH$_4$など 基板としてはプラスチックやガラスなどの低融点基板	熱CVDに比べ低温で薄膜形成が可能。プラズマを用いた非熱平衡下での化学反応を利用するために得られる薄膜組成が幅広く変動する。	VLSIの絶縁や保護、パッシベーション
	めっき法	水溶液中の金属イオンに電子を供給し還元させ、金属イオンを金属として素材表面に析出させる方法			乾式法に比べ析出物の種類や物性の精密制御には劣るものの大面積への製膜や量産性コストの面で優れている。	
			電解めっき（電気めっき）	Au, Pd, Pt, Ag, Ni, Cr, Cu, Zn, Co, Fe, Sn-Pdなど 基板としては金属、導電性物質など	凸部やエッジ部では厚く、凹部では薄い析出膜になる。複雑な形状の部品の膜形成では問題になる。また、析出膜を均質に得るために、めっき浴中に添加物を加えることがあるがその添加物の選定が難しい。	装飾、防錆、耐摩耗性、電気的特性の向上など。電子回路のプリント基板、薄膜磁気ヘッドなどにも用いられている。
			無電解めっき	Co, Ni, Cu, Ru, Rh, Pd, Ag, Cd, In, Sn, Sb, Pt, Au, Hg, Pb, Biなど 基板としてはプラスチックやセラミックなどの不導体なども可能	非導電体への製膜が可能。複雑な形状にも均一に製膜でき、ピンホールなどの欠陥が少ない製膜が可能。	オーディオつまみなどのプラスチックなどへの製膜、ハードディスク下地の非磁性NiPの製膜など
	陽極酸化法	陽極に修飾したい材料を置き通電して酸化させる（強制的に錆させる）方法	陽極酸化	希硫酸やシュウ酸などを電解液として用いる。陽極としてはAlやTiなど	陽極酸化した皮膜（アルマイト）は、処理前のアルミに比べ20倍の硬度が得られる。摩擦係数も少なく耐摩耗性、潤滑性に優れる。表面を丈夫にし色を付けることができる。陽極酸化によって微細孔が形成でき、ここに染料を入れたり電気めっきのような方法で金属を析出させて着色することもできる。この微細孔はいろいろな分野で利用されている。	調理用品、航空機部品、光学部品の表面処理、電解コンデンサなど

5.6.3 主な薄膜作製技術とその方法

物理的方法（真空蒸着、スパッタリング）や CVD では、真空環境および真空環境に導入する装置などによりコストの面で不利ではあるが、均質な薄膜を作る上では有利である。めっき法は、装置にかけるコストは少なくすみ大面積への成膜や量産性で有利である。めっき溶液には、作製材料以外の添加物（pH 調整など）を入れることや溶液の管理など様々なノウハウがある。また、一方廃液処理の問題もある。ここでは、作製表の分類のうち電子ビーム加熱法、マグネトロンスパッタリング法、イオンプレーティング法およびめっき法について詳しく述べる。

5.6.4 真空蒸着法（電子ビーム加熱）

真空蒸着法は、真空中で蒸着したい材料を加熱して蒸発させ、その蒸気を基板の上に付着させる方法である。電子ビーム加熱法の概略を図 5.6.1 に示す。

電子ビーム加熱法は、蒸着したい材料をルツボに入れ、電子線を加速して材料に照射することにより加熱する。抵抗加熱では蒸着が困難な高融点金属、酸化物、半導体、合金化しやすい金属などの蒸着などにも用いることができる。基本構成は、真空環境下で電子線発生用のフィラメント、加速電極、集

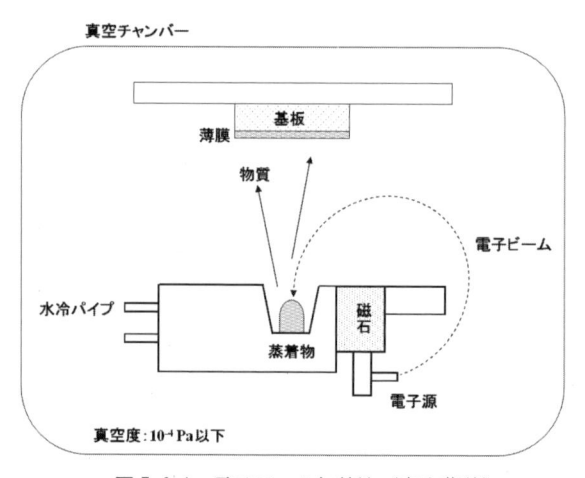

図 5.6.1　電子ビーム加熱法（真空蒸着）

束電極、蒸着材料を保持する陽極からなる。蒸着材料の周囲は水冷された無酸素銅の容器に接触しており、不純物の混入を避けられるようになっている。

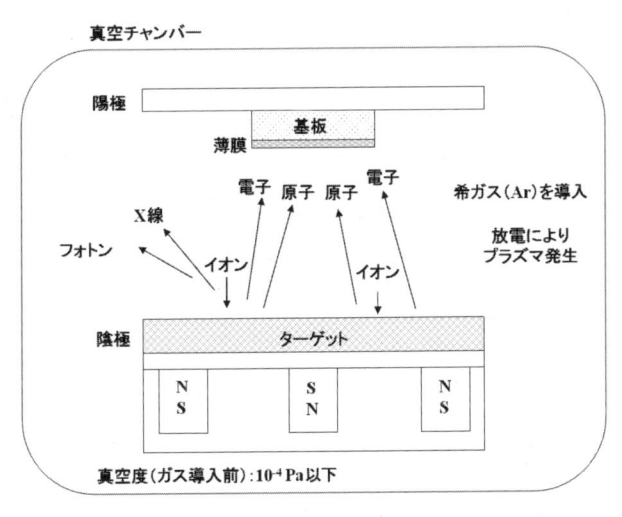

5.6.5 スパッタリング法（マグネトロンスパッタリング法）

スパッタリング法は、蒸着したい材料をターゲットとして高速粒子をターゲットに照射しターゲット原子をはじき出し、それを基板に堆積させる方法である。

スパッタリング法は、高電圧を印加したターゲットを陰極に、基板を陽極に置き、アルゴンなどの不活性ガスを導入する。ターゲットが導電性材料ならば1～2kV程度の直流高電圧を加え、絶縁物ターゲットならばコンデンサーを通して高周波電圧を加え、異常グロー放電を起こさせる。これにより、不活性ガスがプラズマ化し、正に帯電したイオンが陰極のターゲットに衝突して原子をはじき飛ばす。ターゲット材料は、金属および絶縁物ターゲット、酸化物誘電体、金属酸化物、シリサイド、窒化物、金属間化合物などを用いることができる。マグネトロンスパッタリング法の概略図を図5.6.2に示す。マグネトロンスパッタリング法は、ターゲット裏側に磁石を装着してターゲット表面の中心から周囲に至る平行な漏洩磁界させる。この磁場の影響で、

図5.6.2 マグネトロンスパッタリング法

電子の寿命が長くなり、低い圧力でも大電流密度放電が可能になり、堆積速度が著しく速められる。このためマグネトロンスパッタリング法は実用スパッタリング法の主流である。

スパッタリング法では、粒子エネルギーは数 eV〜数十 eV と大きく、基板への付着強度は強い。しかし、イオン照射によって二次電子や X 線、負イオンが副次的に発生し、これにより基板温度を上昇させ欠陥などを生じさせる場合がある。また、イオン化に用いるガスが膜中に含まれるなどの問題もある。

5.6.7 イオンプレーティング法

イオンプレーティング法は、スパッタリング法と真空蒸着法を組み合わせた方法である。イオンプレーティング法の概略図を図 5.6.3 に示す。加熱により蒸発した原子の一部が、高周波グロー放電プラズマ中を通過する際イオン化されて基板に入射する。基板に電圧をかけることで、蒸発原子はイオン化されているので、基板の背後まで蒸着することができる。また、イオン化した蒸発原子は、基板内部まで侵入して、強い被覆ができる。活性ガスを用

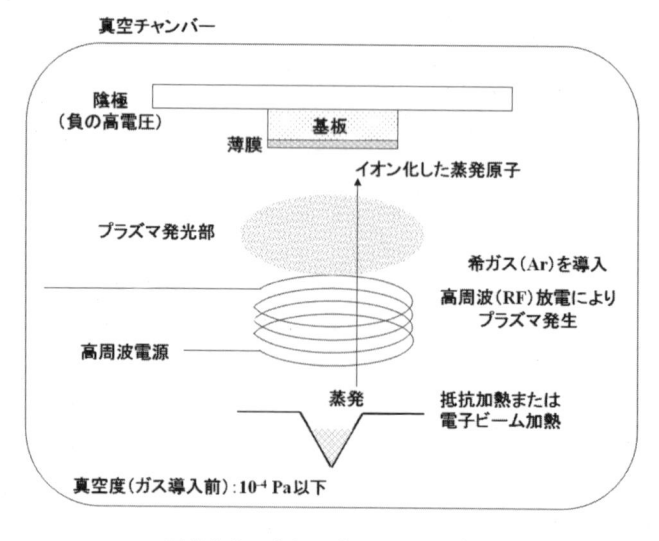

図 5.6.3 イオンプレーティング法

いると、蒸発原子とガス分子との化合物薄膜を容易に作製することができる。この方法で、耐摩耗性・耐腐食性の高いTiN、TiC、BN、AlNなどの成膜が行われる。イオンプレーティング法では、形成された薄膜の密着性や強度、結晶性の向上が期待できる。しかし、堆積した膜への照射損傷が大きく電子デバイスなどの作製には不向きである。装飾性、耐久性、密着性が要求される切削工具、機械部品などへの耐摩耗性、耐腐食性の付与に用いられる。

5.6.8 電解めっき・無電解めっき

めっきとは、水溶液中の金属イオンに電子を供給し還元させ、金属イオンを金属として基板に析出させる方法である。めっき法の概略図を図 5.6.4 に示す。

電解めっき法は、金属が溶けてイオン化している水溶液（めっき浴）中に、陰極（－）として基板を、陽極（＋）としてめっきと同一の金属をそれぞれ浸し、両極間に電流を流す。これによりめっき浴中の金属イオンは陰極へと移動し、基板表面で電子を交換して金属に還元し析出してめっき層を生成する。

電解めっきにおいて電流は陽極から陰極に流れるが、浴中の電流分布により陰極のどの部分にも均一に流れるとは限らず、凸部やエッジ部に電流が集中する。したがって、凸部やエッジ部では厚く、凹部では薄い析出膜になり、複雑な形状の部品の膜形成では問題になる。一方処理時間を長くすることで比較的厚い膜の作製が可能である。ニクロム、クロム、銅、亜鉛、貴金属などの純金属めっきの他に、合金めっきや金属中に非金属を分散させた複合めっきも行われる。

無電解めっきは、溶液中の化学反応により電子が供給されるため外部電源が不要である。また、電子供給源として還元剤（Red）を使用する自己触媒めっきと溶液中の金属イオンと基板金属間の置換反応を利用する置換めっきがある。置換めっきは、異種金属のイオン化傾向の差を利用するもので、イオン化傾向の低い金属（貴な金属）イオンを含む溶液にイオン化傾向の高い金属（卑な金属）を浸漬すると卑な金属が溶解し貴な金属が析出する。無電解めっきでは一般に自己触媒めっきのことを示す。無電解めっきは、金属イ

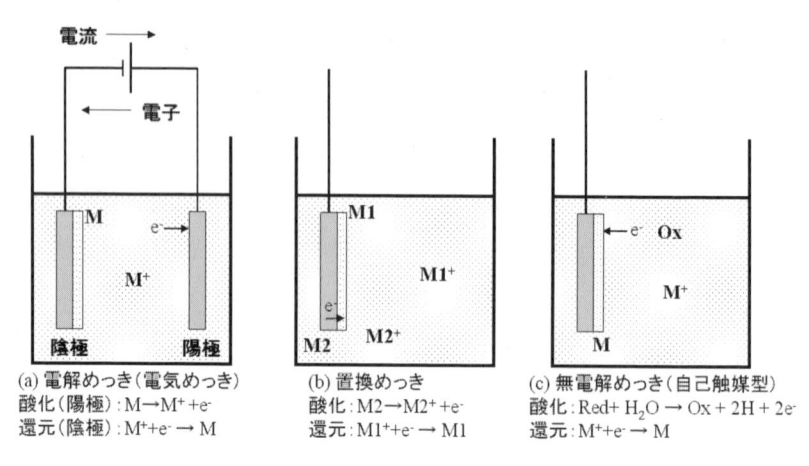

(a) 電解めっき（電気めっき）
酸化(陽極)：M→M⁺+e⁻
還元(陰極)：M⁺+e⁻ → M

(b) 置換めっき
酸化：M2→M2⁺+e⁻
還元：M1⁺+e⁻ → M1

(c) 無電解めっき（自己触媒型）
酸化：Red+ H_2O → Ox + 2H + 2e⁻
還元：M⁺+e⁻ → M

(a) 電解めっき（電気めっき）
外部電源から運ばれてくる電子が陰極表面上で金属イオンと結合し、陰極に金属被膜を析出する。

(b) 置換めっき
異種金属のイオン化傾向の差を利用するもので、イオン化傾向の低い金属（貴な金属）(M1)イオンを含む溶液にイオン化傾向の高い（卑な金属）(M2)を浸漬すると卑な金属が溶解し貴な金属が析出する。

(c) 無電解めっき（自己触媒型）
金属イオンと還元剤(Red)の共存溶液に基板を溶液に浸漬すると還元剤から放出された電子が金属イオンにと結合して金属被膜を析出する。

図 5.6.4　各種めっき法の概略図

オンと還元剤の共存溶液に基板を溶液に浸漬すると還元剤から放出された電子が金属イオンと結合して金属を析出する。無電解めっきの特徴は非導電対の基板に対しても成膜ができ、複雑な形状にも均一に成膜ができることである。ニッケル、コバルト、銅、スズ、貴金属などの無電解めっきなどが実用化されている。還元剤としては、次亜りん酸塩、ホウ水素化合物、ヒドラジンおよび誘導体、ホルマリンなどが用いられる。

参考文献

1) 横山亨　*合金状態図読本*.(オーム社, 1974).
2) 矢島悦次郎; 古沢浩一; 小坂井孝生; 市川理衛; 宮崎亨; 西野洋一　*若い技術*

者のための機械・金属材料. (丸善, 2002).
3) 松島厳　トコトンやさしい錆の本. (日刊工業新聞社, 2002).
4) 藤井哲雄　初歩から学ぶ防錆の科学. (工業調査会, 2001).
5) 柳田博明; 長井正幸　基礎無機材料科学. (昭晃堂, 1993).
6) M. Prabhu, J. L.; Song, J.; Li, C.; Xu, J.; Ueda, K.; Kaminskii, A. A.; Yagi, H.; Yanagitani, T. *Applied Physics B* **2000**, *71*, 469.
7) 岩崎弘通; 金子泰成　セラミックス合成入門. (アグネ技術センター, 1992).
8) Wada, N.; Ogura, F.; Yamamoto, K.; Kojima, K. *Glass Technology* **2005**, *46*, 163.
9) Matsumoto, T.; Takayama, Y.; Wada, N.; Kojima, K.; Yamada, H.; Wakabayashi, H. *The Journal of Materials Chemistry* **2003**, *13*, 1764.
10) Hench, L. L. *Proceeding of the Xth International Congress on Glass* Kyoto, Japan, 1974; No. 9, p.30.
11) Hench, L. L., Petty, R. W. & Pistrowski, G. *An Investigation of Bonding Mechanisms at the Interface of a Prosthetic Material*. Report No. 8, Contract No. DAMD 17-76-C-6063 p.54 (University of Florida, 1997).
12) 小久保正; 長嶋庸仁; 田代仁　窯業協会誌 **1982**, *90*, 151.
13) Kokubo, T.; Shigematsu, M.; Nagashima, Y.; Tashiro, M.; Nakamura, T.; Yamamuro, T.; Azuma, M. *Bull. Inst. Chem. Res., Kyoto Univ.*, **1980**, *60*, 260.
14) Kokubo, T. In *Proceedings of XVII International Congress on Glass*; Chinese Ceramic Society: Beijing, China, 1995; Vol.1, p.3.
15) Day, D. E. *Proceedings of XVII International Congress on Glass*; Chinese Ceramic Society: Beijing, China, 1995, p.243.
16) 川下将一; 宮路史明; 小久保正　*NEW GLASS* **1996**, *11*, 59.
17) Erbe, E. M.; Day, D. E. In *Proceedings of the International Conference on Science and Technology of New Glasses*; Sakka, S., Soga, N., Eds.; Ceramic Society of Japan: 1991, p.105.
18) 米国材料試験協会規格　ASTM D 045-91
19) Hashiemi, S.; Williamsm, J. G. *The Journal of Materials Science* **1984**, *19*, 3746.
20) Zhurkov, S. N. *Proceedings of the Second International Conference on Fracture*; Chapman and Hall: London, UK., 1969, p.545.
21) Zhurkov, S. N., Kuksenko, V. S. & Slutsker, A. I. *Fracture*. 531 (Chapman & Hall, 1964).
22) 秋山司郎; 埓田博史　光触媒と関連技術. (日刊工業新聞社, 2000).
23) 上村誠一; 野田泰稔; 篠原嘉一; 渡辺義見編　傾斜機能材料の技術展開.

(シーエムシー出版, 2009).
24) 渡辺義見 *日本実験力学会誌* **2005**, *5*, 209.
25) 渡辺義見; 佐藤尚 *ケミカルエンジニヤリング* **2009**, *54*, 249.
26) 茅幸二; 西信之 *クラスター*. (産業図書, 1994).
27) 超微粒子編集委員会 *超微粒子*. (アグネ技術センター, 1984).
28) Buffet, D. A.; Boel, J. P. *Pysical Review A* **1976**, *13*, 2289.
29) 粕谷厚生 *金属* **1998**, *68*, 490.
30) 黒田登志雄 *結晶は生きている*. (サイエンス社, 1984).
31) 川口春馬. *微粒子・粉体の作製と応用*. (シーエムシー出版, 2000).
32) Pfund, A. H. *Physical Review* **1930**, *35*, 1434.
33) Uyeda, R. *The Journal of Crystal Growth* **1974**, *24*, 69.
34) Iwama, S.; Hayakawa, K. *Surface Science* **1985**, *156*, 85.
35) Haberland, H.et al, *The Journal of Vacuum Science and Technology* **1992**, *A 10*, 3266.
36) Sumiyama, K. et al, *Encyclopedia of Nanoscience and Nanotechnology* Vol. 10 （ed H.S. Nalwa) 471 (American Scientific Publishers, 2004).
37) 日高重助 *新機能微粒子材料の開発とプロセス技術*. (シーエムシー出版, 2006).
38) Maurer, R. D. *The Journal of Applied Physics* **1958**, *29*, 1.
39) 柳田博明 *微粒子工学大系 基本技術*; フジ・テクノシステム; Vol. 1.
40) 菊池靖志 *まてりあ* **2000**, *39*, 146.
41) 細川益男; 野城清 *ナノパーティクル・テクノロジー*. (日刊工業新聞社, 2003).
42) 日本表面科学会編 *表面科学の基礎と応用*. (エヌ・ティー・エス, 2004).
43) 吉武道子 *学位論文 金属薄膜中における高速拡散現象に関する研究*. (東京大学, 1992).
44) 金原粲 *スパッタリング現象*. (東京大学出版会, 1989).
45) 金原粲 *薄膜の基本技術*. (東京大学出版会, 1990).

6. 抗菌材料の現状と可能性

さて、これまで抗菌材料の基礎から応用に至るまでの様々なことを解説したが、最後に抗菌材料としての今後の展開を考える上で必要となるいくつかの事柄を述べる。

6.1 抗菌材料に要求される仕様と食品加工業界への用途展開

すでに述べたように、抗菌材料は食品加工業界に大きなニーズが存在し、この方面への展開が大きく期待されている。HACCP に対応した食品加工のプラントへの展開を考えたとき、どのような条件が抗菌材料に必要となるのであろうか。本節ではこれを考えてみたい。

6.1.1 食品工場用途としての抗菌材料の要素条件

抗菌材料を食品工場用として用いていく場合には、次のことが重要となる。
① 抗菌効果が（一定時間 最低1昼夜）継続すること。かつその効果が実証（管理）可能なこと。
② 人体に無害なこと。
③ サニタリー性があること。
④ 用途によっては、高濃度の塩化物イオン（Cl^-）に耐食を有すること。
⑤ CIP、SIP に対して 耐熱、耐食性があること。

ここで、CIP は食品加工工場の洗浄方法の一つであり、定置洗浄（Clean-In-Place）と呼ばれる製造終了後の系内の自動洗浄のことをさす。機器や部品を分解することなく、設備構成の中に洗浄機能を組み込ませて構築を行い、洗剤溶液の化学エネルギー・熱エネルギー・運動エネルギーを利用して洗浄する方法をいう[1]。また、SIP（Sterilize-In-Place）は蒸気滅菌のことであり、

製造終了の洗浄後に設備機器内の菌をクリーンな蒸気により死滅させ、無菌化するシステムを指す。

以上①～⑤は食品用途の条件であるが、さらに次のことが必要となる。
⑥　長期間継続使用可能なこと。
⑦　メンテナンスが容易なこと。
⑧　安価なこと。（汎用性材料との価格アップ対付加価値が明確なこと）
⑨　加工が容易なこと。

これら⑥から⑨は工業的採用に関し必要な条件である。

6.1.2　食品生産工程における材料使用温度および使用圧力、耐化学薬品性

食品生産工程において材料は種々の温度、圧力、また薬品にさらされる可能性がある。例えば加熱源としては、油、蒸気（クリーン蒸気含む）、温水、温風、電磁波などが考えられる。一方冷却源としては、井戸水、上水、冷却水（クーリングタワー）、チラー水、冷水、冷風などが考えられるであろう。

例えば、洗浄、殺菌関係に着目すると、通常の殺菌レベルでは温水の場合、80℃程度の条件となるため、この温度における化学的、機械的性質の安定性が望まれる。また、UHT滅菌法（Ultra-high temperature sterilization）を用いる場合は、加熱条件が120～150℃で1秒以上5秒以内となるが、この条件での安定的な使用に耐えることが必要である。

近年フィルムによる包装で微生物を完全遮断することが容易になって、レトルト殺菌がよく行われるようになった。この方法は、蒸気あるいは加圧熱水を用いて100℃以上において殺菌する方法をいう。本来食品腐敗は真菌、細菌などの微生物が付着あるいは混入することにより引き起こされる。食品を袋状のフィルムに充填し、密閉シールした（完全遮断）後加熱殺菌する方法が有効な保存方法として広く利用されるようになった。殺菌には加熱空気による乾熱殺菌と、蒸気や熱水による湿熱殺菌があり、後者のほうが殺菌効果、伝熱効果や温度むらが小さい。160℃、30分間の乾熱殺菌と100℃、30分間の湿熱殺菌とはほぼ同等の殺菌効果があるといわれる。ただし、いずれの条件でもすべての微生物を殺す効果、すなわち滅菌を期待することはできない。滅菌する場合には、160℃、60分間の乾熱、121℃、20分間の湿熱を

それぞれ行う必要がある。

食中毒菌で、大腸菌 O-157 は 75℃、1 分間の加熱で死滅し、多くの病原菌、食中毒菌も耐熱性は低い。しかし、ボツリヌス菌は耐熱性があり、いったん食中毒になると致死率が高く、治療も困難であることから、ボツリヌス菌による中毒を防止することが基本的に必要となる。このボツリヌス菌は 120℃、4 分間で死滅することがわかっており、一般的なレトルト食品では中心温度 120℃、4 分の加熱が最低条件になっている。通常レトルト殺菌の場合は、120～130℃、0.2～0.3 MPa が最も一般的な使用条件であり、関連材料はこれに耐えうる材料である必要がある。

CIP 洗浄では、化学薬品（食品添加物対応の水酸化ナトリウムや各種酸など）が使用される。実際に洗剤として使われるのは、アルカリ性の水酸化ナトリウムや酸性の硝酸などである。市販の CIP 洗浄剤には界面活性剤および水酸化ナトリウム、水酸化カリウムを主成分とするアルカリ性 CIP 洗浄剤、無機酸を主成分とする酸性洗浄剤、次亜塩素酸ナトリウム、活性塩素を主成分とするアルカリ性消毒剤、過酢酸、過酸化水素を主成分とする酸性消毒剤であり、これらに耐える材料を用いる必要がある。一方 SIP 殺菌は、医薬工場では、130～150℃のクリーンな過熱蒸気が用いられる場合がある。

6.1.3 食品用途を考えた安全な材料

これに関しては食品衛生法に遵守することが必要である。食品容器として用いる材料を例にとると、例えば、食品衛生研究所では規格試験をにおいて行っている容器包装規格試験は表 6.1.1 に示すとおりである[2]。

また、使用した各種金属の毒性などに関しては、例えば食品産業センターにおいて、食品加工関連に関する 10 種類の金属（亜鉛、アンチモン、カドミウム、スズ、セレン、銅、鉛、ヒ素、メチル水銀、クロム）についての毒性の記載がある[3]。通常金属は生体内に多少とも含まれていることが多く、元素によっては欠乏すると問題を生じる場合もある。つまり生体にとっての適切な濃度範囲があり、それを超えても、またそれに満たなくても健康に問題を生じることがあるため、最適の濃度範囲を的確に知ることが必要である。

一方最近では、有機材料の一つである樹脂などの使用においては、いわゆ

表 6.1.1　食品衛生研究所における器具および容器包装の規格試験例

ガラス、陶磁器およびほうろう引き	一般合成樹脂	フェノール樹脂、メラミン樹脂またはユリア樹脂
ホルムアルデヒドを製造原料とする樹脂	ポリエチレン、ポリプロピレン	ポリメタクリル酸メチル
ナイロン	ポリ乳酸	ポリエチレンテレフタレート
ポリメチルペンテン	ポリビニルアルコール	ゴム製器具（ほ乳器具を除く）容器包装
ポリ塩化ビニル	ポリスチレン	ポリ塩化ビニリデン
ポリカーボネート	金属缶	

る環境ホルモンが溶出しないというエビデンスが必要になっている。生物の体内に入り、生物が持っている成長、生殖や行動に関する本来のホルモンと同じ作用をしたり、反対の作用をすることで、もしくはその子孫のいずれかの世代で、健康障害性の変化を起こさせる化学物質が存在するが、これが環境ホルモンであり、正式には内分泌撹乱物質という。

6.1.4　抗菌材料の用途例

　食品機械の構成材料としては、適正な抗菌材料を選定するための理解が十分には進んでいないようであるが、サニタリー用品や室内壁などには需要が拡大しており、抗菌材料への期待が集まっている。食品工場の材料としては、抗菌材料の要件を満たす必要があるが、工場操業における抗菌効果の現場的な検証における簡易方法の確立が求められている。生産設備に抗菌材料を使用することは、食品の安全面からは有意義といえるが、その効果と製品への付加価値を考えた経済性の検討が重要である。

　例えば、汎用材料との価格対効果の比較検討項目としては、
① 抗菌の効果：継続、検証が容易であることが大前提ではあるが、人件費も含めた洗浄作業コストの削減となるかが、重要な判断要素である。
② 洗浄作業の簡易性：掃除の頻度が減少することにより人件費、用役、時間の削減につながる。また高所作業が必要な場合は、その費用削減、

安全性向上も考慮に入れる必要がある。
③　化学洗浄、蒸気殺菌のランニングコストの削減
④　上記に伴う廃水量、廃水負荷の削減など
　これらを考慮して、まずは実績データ作りとその後の検証を行っていくことがよいのではないだろうか。
　食品工場建築物関係の床、壁、(排水溝) グレーティング、空調吹出し口および排気口、ガラリ、給排水蛇口、シンク、調理器具、食品工場製造設備関係、水タンク、油脂や糖タンク (紫外線ランプの代用) などに使用して知見データを集めることで、次の製造設備全体への採用展開が期待できると思われる。

6.2　冷却塔を使用する冷却水系の水質管理 [4,5] と材料

　本節では構造物への展開として将来的に大きなニーズがあると思われる冷却水系に焦点を当てて、その材料展開を考える上での基礎的な事柄を解説する。

6.2.1　冷却塔の種類

　冷却塔を使用する冷却水系には、開放型循環冷却水系と密閉型循環冷却水系がある。これらの循環水系の水処理による水質管理は、水中で生じる現象が全く異なるために、水の管理も異なった方法になる。一般的には、開放型循環冷却水系が大半を占めており、密閉型循環冷却水系は、ごく一部の設備に使用されているのが現状である。循環冷却水系を有する機器としては、冷凍機、空調機、樹脂成型機、空気圧縮機、溶接機、その他放熱を必要とする機器がある。

6.2.2　冷却塔の不調発生と管理

　常時運転の冷却水系では、時間経過とともに冷却性能が劣化し、さらに進行すると冷却水量が極端に減少したり、十分な冷却効率が得られないなどの不調が発生し、運転に支障が生じる。

冷却水で機器が不調になる原因は、スライムとスケールおよび腐食の3要因である。要因別に保守対策を行う方法もあるが、総合的な水処理が可能なトータルコントロール剤を使用すると、1液で3要因をコントロールできる。
(1) 藻、細菌類、スライムによる機器の不調
　熱交換器にバイオフィルムを作り、熱交換性能を低下させる。スライムコントロール剤を注入して細菌類の増殖を抑制する。冷却水の濃縮を防止するために、希釈管理を行い、水中の総菌数を減らす。一般的に冷却水中の総菌数を、10^4個/ml以下で管理することが望ましい。レジオネラ属菌の発生を抑制するためにも、薬品注入と水の希釈は必要である。
(2) スケールによる機器の不調
　熱交換器にスケールが徐々に付着して、熱交換性能を妨げる。スケールコントロール剤を注入して、スケールの付着を抑制する。冷却水中に溶存しているミネラル分の濃縮を防止するために、冷却水の希釈管理をする。付着したスケールを取り除くために、定期的な化学洗浄を行う。
(3) 腐食による機器の不調
　冷却水中の溶存酸素で、設備機器の酸化腐食が進行していく傾向があるので、防食剤を注入して、腐食の抑制を行う。設備の金属表面を防食環境にしておくために、定期的な化学洗浄を行う。大気中の有害ガス溶け込みによる水質悪化を防ぐため、定期的な給水による希釈も不可欠である。
　以上のような水質の管理を要約すると、冷却水の希釈と水処理剤の投入と定期的な化学洗浄を実施することである。
　重要なことは、冷却水を濃縮させないように、絶えず濃度測定を行い、自動ブロー装置によって希釈管理を行うことである。

6.2.3　冷却水を管理する処理剤
(1) スライムコントロール剤
　熱交換器の表面に生じるバイオフィルムを抑制するために使用する。水中細菌を処理するために、酸化剤や還元剤を使用して、細胞膜の破壊や、細菌の増殖を抑制する。
　処理剤の分子構造中に、窒素と硫黄を含む有機化合物で、細胞膜と結合し

て細胞の増殖を抑制する薬品もある。

酸化剤や還元剤は配管や機器を腐食させるので、注意が必要である。細菌処理用の還元剤として、ヒドラジンがある。酸化剤としての塩化物は、効果があるが機器の腐食が激しいので適切な物を選択する必要がある。

(2) スケールコントロール剤

水中に溶存しているミネラル分を捕捉して、不溶性の化合物に変換してスケールの沈着を抑制する。

有機化合物や水溶性高分子化合物や無機化合物などを混合して使用する。合成高分子化合物のマレイン酸コポリマー、アクリル酸コポリマーなどを使用している。

(3) 防食処理剤

金属と反応して防食皮膜を作る化合物を使用している。

配管などの鉄には、ホスホン酸系化合物やりん酸系化合物が、熱交換器の銅には、トリアゾール化合物を使用している。

6.2.4 開放型循環冷却水系の水質の管理

開放型循環冷却水系の冷却塔は、冷却塔上部のファンで、強制的に空気を通過させて水の蒸散を行っている。冷却水の蒸散水が絶えず蒸発しているので、水中のミネラル分が徐々に濃縮されていく。さらに、通過空気中の亜硫酸ガスや塵埃を冷却水中に取り込んでしまう。このことが、冷却水を絶えず悪環境にする要因になる。大気中の塵埃中に存在する細菌は、冷却水中で増殖して、同時に取り込んだ微細な土砂と一緒になって、粘着性のスライムを生じる。スライムは熱交換器に付着して、バイオフィルムを作って熱交換性能の劣化をもたらす。

冷却水系中で濃縮された水中溶存ミネラル分は、熱交換器表面に沈着して、無機物のスケールを形成することもある。この場合も熱交換器に無機物のライニングを施した状態によって、熱交換効率を低下させる。水中に溶存した酸素は、配管や設備機器の金属を酸化して、腐食を発生させる。腐食が進行すると、配管にピンホールが生じて、漏水が発生する。冷却水系の水の管理を十分に行わないと、機器の運転不調が生じるのと、配管や熱交換器を損傷

表 6.2.1 日本冷凍空調工業会規格 冷却水適正水質管理基準（1994年版）

	項　　目 (25℃)		冷却水基準 (JRA 規格)	傾　向	
				腐食	スケール
基準項目	pH		6.5～8.0	○	○
	電気伝導率	(μS/cm)	800 以下	○	○
	塩化物イオン	(mgCl/L)	200 以下	○	
	硫酸イオン	(mgSO$_4$/L)	200 以下	○	
	酸消費量 (Mアルカリ度)	(mgCaCO$_3$/L)	100 以下		○
	全硬度	(mgCaCO$_3$/L)	200 以下		○
参考項目	鉄	(mgFe/L)	1.0 以下	○	○
	硫化物イオン	(mgS/L)	検出しないこと	○	
	アンモニウムイオン	(mgNH$_4$/L)	1.0 以下	○	
	イオン状シリカ	(mgSiO$_2$/L)	50 以下		○

させたり、電力の負荷の増大になる。

　冷却水を管理するための、適正水質基準を表 6.2.1 に示す。

　熱交換器表面のスライムとスケールの付着は、図 6.2.1 のように進行する。

6.2.5　冷却水の管理の重要性

冷却水系の水質管理の重要性を以下の 5 項目に示す。

① 　冷却水の管理を行うことによって、配管や熱交換器の閉塞を防止し正常な冷却水の循環水量を保持して、運転の不調をなくする。

② 　防錆処理によって、配管や設備機器の腐食を抑制する。配管から漏水すると、大型建築物では修理に莫大な費用を要したり、修復が困難な場合もある。設備の腐食を少なくして、建築物に影響を及ぼさないきめ細かな管理が重要である。

③ 　冷却水の計画的な管理は運転経費の節減、省資源、省エネルギーになる。熱交換器の効率を維持して、電力の消費を少なくする。熱交換器の化学洗浄の頻度を下げるので経費の節減になる。

④ 　冷却塔の清掃を含めた各種煩雑なメンテナンスが少なくなる。スライ

6. 抗菌材料の現状と可能性

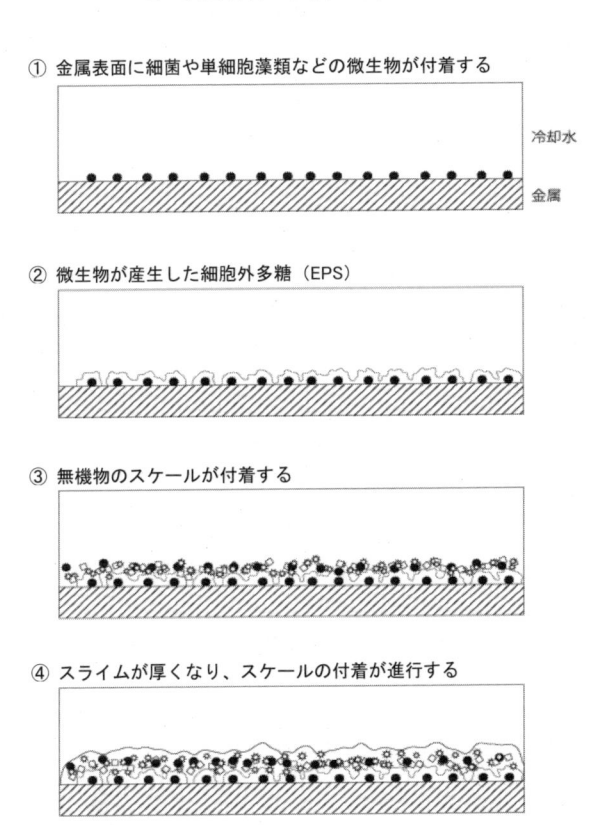

① 金属表面に細菌や単細胞藻類などの微生物が付着する

② 微生物が産生した細胞外多糖 (EPS)

③ 無機物のスケールが付着する

④ スライムが厚くなり、スケールの付着が進行する

図 6.2.1　熱交換器表面のスライムとスケールの付着進行模式図

ムとスケールの発生を抑制する結果、特に冷却塔へのスライム付着が少なくなり、清掃の頻度を減らすことができる。

⑤　レジオネラ菌対策など安全衛生面で必要である。スライムをコントロールすることにより、冷却水中の細菌数を抑制して、冷却水飛沫を吸い込んで罹患する危険を排除する。

6.2.6　冷却水の管理

(1)　冷却水の希釈管理

冷却水の濃縮度を管理する方式では、設定値の上限値で補給水の電磁弁を

開放して水を投入する。冷却水が希釈されて、設定値の下限値になると、電磁弁が閉じて補給水を停止する。このように、設定値範囲内で、自動的に繰り返して行われる。冷却水濃度の測定は、電気導電率で行っている。

(2) 水処理剤注入管理

連続薬品注入装置を使用して、トータルコントロール剤を注入し、前述した冷却水中の生成物に起因する、機器の運転不調の発生を未然にコントロールする。薬剤の投入は、タイマーによる間歇注入法と連続注入法の2方法がある。設備の特性、冷却塔の設置環境、安全衛生面、経済性などを考慮して注入方法を選択する。

循環型冷却水系に、水処理剤を注入する装置と、濃縮した冷却水を排出して、新鮮な補給水を注水する自動ブロー装置は、通常、冷却塔と一体となった装置として設備されている。

水処理剤の注入と自動ブロー装置の設備概略を図 6.2.2 に示す。

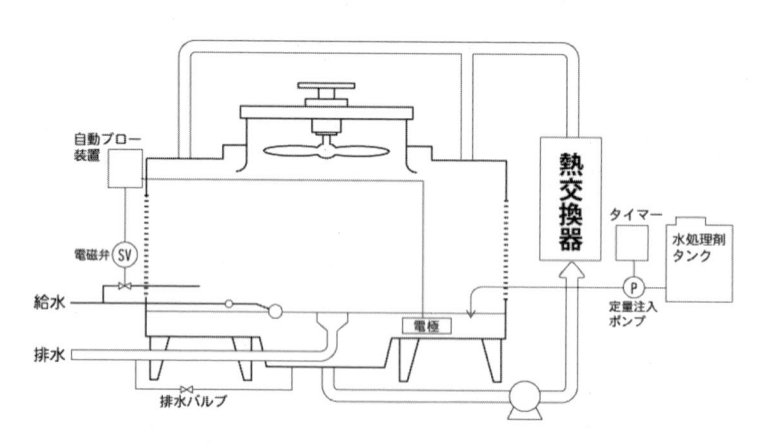

図 6.2.2　水処理剤注入と自動ブロー装置の概略

6.2.7 運転不調機器の化学洗浄

運転している機器が不調を呈したとき、水処理剤の注入では所定の機能を回復できない場合は、不具合の箇所を化学洗浄する。小さな冷却水系では、化学洗浄剤を直接冷却塔に投入する方法がある。洗浄後の廃液処理の容易性

を考慮すると、過酸化物によるスライム洗浄は、放流した場合でも洗浄廃液が分解する利点がある。酸性のスケール洗浄剤を使用する場合は、熱交換器を直接洗浄することで廃液量を少なくする単独洗浄方法で行う。廃液は産業廃棄物処理業者に委託する。

(1) スライム洗浄

　藻、細菌などの集合体からなるスライムは、粘着性の有機物（EPS）に富むバイオフィルムを作って熱交換を著しく妨げる。過炭酸ナトリウムや過酸化水素などの過酸化物は、細菌の酵素と反応して、酸素を強烈に発生させる。この起泡力を利用して、バイオフィルムを剥離する。

(2) カルシウムスケール洗浄

　水中のカルシウムイオンが、炭酸イオン、硫化物イオン、りん酸イオンと結合して塩を作り、熱交換器に沈着する。これは、無機物のライニングを行ったような状態になり、熱交換を妨げる。

　化学洗浄は、通常の金属表面処理を行うような、無機酸や有機酸の洗浄剤を使用して、溶解洗浄を行う。酸性の洗浄剤を使用するので、洗浄後の廃液処理量ができるだけ少量になるように、単独洗浄を行う。アルカリ金属塩との中和反応であるので、二酸化炭素を発生する。

(3) シリカスケール洗浄

　水中に分散しているイオン状シリカが熱交換器に付着する。難溶解性の硬質の無機スケールである。設備が金属であるので腐食性を考慮すると、高濃度アルカリ処理をして、水溶性のケイ酸ナトリウムにすることが望ましい。しかし、シリカスケールとカルシウムスケールは、同時に同一系を化学洗浄する経済性から、酸性のシリカ洗浄剤が必要になる。通常は、少量のフッ化物を使用してシリカスケールの溶解を行う。

　この化学洗浄は、必ずはじめにカルシウムスケールを溶解洗浄してから、その次にシリカスケールを洗浄しなければならない。順序を間違えると、不溶性のフッ化カルシウムができて化学洗浄ができなくなる。

(4) 中和処理

　化学洗浄後は、洗浄系および廃液を中和して中性にする。

(5) 防錆処理

洗浄後の鉄と銅の表面の酸化を防ぐために、一時防錆処理を行う。りん酸塩化合物やアゾール化合物を使用して、金属表面に一時防錆皮膜を作る。

(6) 廃液処理

廃液を処理できる施設があれば、そこで処理を行い、施設がなければ、産業廃棄物処理業者に委託する。

(7) 洗浄結果の確認と試運転

洗浄したコンデンサーチューブを確認する方法もあるが、通常、冷凍機の場合には、冷媒吐出圧力を見て確認する。成型機や圧縮機のオイルクーラーなどは、熱交換器を通過する循環水の、入口温度と出口温度の温度差を見て確認する。

6.2.8 密閉型循環冷却水系

(1) 冷却水

密閉型循環冷却水系は、循環する冷却水が全く外気に触れない構造になっている。冷却塔での水の蒸散機能は、開放型循環冷却水系の冷却塔と全く同じ原理を使用している。

しかし、冷却塔で冷却された水は、冷却塔充填材の間隙に、無数に張り巡らせた銅管を冷却し、その銅管と接続されている冷却水系の循環水を冷却している。これにより、冷却塔の循環水と、循環冷却水系の循環水とは分離している。

密閉型循環冷却水系では、一度、水系中に封入された冷却水は、ポンプのグランドパッキンなどからごくわずかに流れる程度の補給であるため、循環水の入れ替わりは少ない。そのために、冷却水の濃縮も微生物の混入も生じない。しかし、冷却水中に取り込まれた溶存酸素は残存しているので、腐食は進行する。

ポンプなどからのわずかな漏れに対する補給水には、細菌が含まれているので、ゆっくりとスライムが発生していく。密閉型循環冷却水系では、配管と設備機器の腐食防止とスライムの発生防止を行っている。維持管理方法は、開放型と違って、冷却水が大きく経時変化しないので、数ヶ月から1年の単位で、循環冷却水中に防錆剤とスライムコントロール剤を封入しておく。定

期的な水質検査は必要である。
(2) 使用する水処理剤
　防錆剤は、重合りん酸塩、モリブデン酸塩、亜硝酸塩などが使用されている。亜硝酸塩による防錆は、水中溶存酸素と結合する、脱酸素効果を応用している。重合りん酸塩とモリブデン酸塩は金属表面と結合して、防錆皮膜を形成する。
　熱交換器に使用される金属は、銅製が一般的であるので、アゾール化合物が使用されている。これも銅と結合して、表面に防錆皮膜を形成する。
　スライムのコントロールは、開放型と全く異なる方法で行っている。常時、多量のスライムが発生する環境でないので、処理に使用する薬品量もわずかである。少量の臭化物などを使用して殺微生物処理を行う。
(3) 水質管理
　冷却水系が密閉されているので、開放型のように常時循環水を目視できない。それで、定期的に採水して、水処理剤の混入量の測定と、目視による冷却水の汚れ具合を検査する。
(4) 化学洗浄
　密閉型冷却水系の化学洗浄は、付着障害物の影響が少ないのと、化学洗浄後に、密閉系内を十分に水洗するためには、かなりの水洗時間を必要とする。そのために、防錆剤として使用する同じ水処理剤を使用して、高濃度処理を行う。
　防錆剤として使用する薬品は、酸化鉄を水中に分散させる機能を持っているので、高濃度処理は、きわめて有効で弊害のない方法である。

6.2.9 循環冷却水系の将来と材料
(1) 耐食性冷却水系配管設備
　現在使用されている配管設備は鉄管が大半を占めている。しかし、腐食による耐久性の悪化を考慮して、ステンレス鋼管、樹脂ライニング鋼管、硬質塩化ビニル管などを使用している設備も増えている。このような配管設備は、腐食による耐久性が著しく向上し、建築物の寿命と、同程度まで延長できる。
　配管内は冷却水の流速が速いのと常温に近い温度条件のために、スライム

の付着やスケールの沈着が、熱交換器のように急速に進行しない。耐食性の配管設備は、今後、増加すると考えられる。

(2) 抗菌性ステンレス鋼を使用する熱交換器

従来、熱交換器は多数の銅管を配置したシェルアンドチューブ型が大半を占めていた。しかし、ステンレス鋼板の加工技術の向上と価格的な面からプレート式熱交換器が多用されるようになってきた。プレート式熱交換器は、熱交換性能が優れているのと、コンパクトに設置できることと、省エネルギー、省資源の面から、将来はシェルアンドチューブ型に取って代わる形式と思われる。

ステンレス鋼板は耐食性に優れているので、水系の化学処理も技術的に容易である。このステンレス鋼板に、抗菌性を付与した機能を持たせると、冷却水中の細菌の金属表面への付着が抑制され、熱交換を著しく妨げる生物膜の発生が低減する。これを、密閉型循環冷却水系に使用すれば、スライムの発生と、腐食の条件が大きく低減されるので、冷却水系洗浄などの保守頻度を下げることができるため、コスト低減と同時に環境負荷の低減も期待できる。

(3) 将来展望

現在のところ抗菌ステンレス鋼が最も期待できる材料であるが、上述のように冷却水系は、バイオフィルム、スライム、スケールという三つの要素がある。これらは微生物付着とそれに伴う生物由来の膜の形成（ぬめり）、無機物質が取り込まれて成長した生成物、腐食生成物であり、さらに三要素が入り交じった複雑な環境である。そのため、抗菌性のみでこれらすべての現象に対処することは難しい。黒田ら[6]は、実際に使用されている冷却塔の下部に各種金属材料を数ヶ月浸漬し、それらを間歇的に取り出し、クリスタルバイオレットで染色したり、環境 SEM で表面の生物付着の状況を観察した結果、材料表面に存在している金属の種類により微生物付着、スライム形成の挙動が変わることを明らかにしている。これらの研究の進展により、冷却水系に適したさらに新しい材料が今後提案されることであろう。

6.3 銅を合金化した抗菌ステンレス鋼の開発

本節では、抗菌金属材料としてすでに市場に出回っている抗菌ステンレス鋼を例に挙げて、抗菌材料の開発と展開についての具体例を解説する。現在、国内では銅と銀を応用した抗菌ステンレス鋼が開発されている。本節では、銅を合金化したステンレス鋼について詳述するが、実際は銀を合金化したステンレス鋼についても開発と展開の歴史がある。後者に関しては、菊地の解説[7]を参照されたい。

6.3.1 開発の経緯

1995年から2000年にかけて、MRSA（メチシリン耐性黄色ブドウ球菌）による病院内感染、病原性大腸菌O-157による集団感染、あるいは乳製品への黄色ブドウ球菌の混入などが大きな社会的問題となり、食品業界や医療施設のみならず一般家庭に至るまで、衛生面への関心が急速に高まった。特に食品分野では、HACCPシステム（危害分析重要管理点、食品製造に関わる衛生管理システム）[8]の導入が浸透し、衛生管理の充実が図られた。

このような動向に呼応し、各種の抗菌剤や抗菌商品が精力的に開発され[9]、さらに抗菌製品の評価基準の標準化が推進された[10,11]。例えば、抗菌製品技術協議会により、抗菌剤・製品の抗菌性に関する定義、評価基準および安全性に関する自主管理ガイドラインが規定され[11]、現在では、金属、無機系の抗菌材の評価試験方法がJIS Z 2801として規定されている[12]。

従来から厨房や衛生環境で多用されてきたステンレス鋼においても抗菌性を付与した素材が開発された。その先駆けとなったCu含有抗菌ステンレス鋼"NSS AMシリーズ"は、抗菌性発現に有効であることが現に知られており、かつ、その熱伝導性から調理なべ、やかんなどに多用されているCuに着目し、これをステンレス鋼中に分散析出させて抗菌性を付与したステンレス鋼である。Cuをはじめとする金属になぜ殺菌作用があるかについては諸説あり、未だに明らかではないが、細菌のタンパク質を構成するアミノ酸の一つであるシステインのSH基と金属イオンが固く結びつき、細胞の代謝を

阻害することにより殺菌するという説[13,14]がある。Cu は金属イオンの中でもその効果が大きく、さらに銅食器、水道管に多用されていることから理解されるように、人体への安全性も高い。

抗菌ステンレス鋼板は抗菌製品技術協議会のガイドラインに基づいた、安定した抗菌力を発現することから、これをもとに安全性という社会的ニーズに応じる方途が種々検討された[15-17]。その結果、市場動向とあいまって、広範な用途に採用された。

一方、多様な用途展開活動において、ユーザーからは実環境における抗菌性能に関する問合せが多数寄せられた。しかし、それまでの抗菌性能評価試験は、実験室環境における、いわゆるビーカーテストの結果であり、実使用環境における抗菌力の評価試験はほとんど実施されていなかった。

そこで本章では、Cu 含有抗菌ステンレス鋼を紹介するとともに、実環境をシミュレートした状態、および実使用環境において NSS AM シリーズの抗菌力を測定・評価する試みを行った結果[18,19]について述べる。

6.3.2 ステンレス鋼板

(1) ステンレス鋼板とは

抗菌ステンレス鋼は、既存のステンレス鋼の体系に沿って開発されているため、抗菌ステンレス鋼板の紹介をする前に、まず、ステンレス鋼板について概説する。

表 6.3.1 に、ステンレス鋼の概要を示す。ステンレス鋼とは、文字どおり"さびにくい"鋼のことで、Fe 中に Cr を約 11mass%以上含有する鋼の名称である。1910 年頃、ドイツのアーヘン工科大学で Cr の効果が見出され、間を置かずして、18mass%Cr-8%massNi を含有するいわゆる 18-8 ステンレス鋼と呼ばれる、今の SUS304 の原型となる合金鋼に関する特許がドイツの鉄鋼会社ティッセンから出願されている。

Fe に Cr を主成分として、Ni、Mo、Mn、Cu などの配合成分により多様な機能が創出できるため、現在では 100 種類以上の鋼種が生産されている。身近な例では、優れた耐食性と意匠性を活かした洋食器や厨房製品、耐高温酸化性と高温強度に基づく自動車排ガス部材、高い強度と疲労特性に基づく

6. 抗菌材料の現状と可能性

表 6.3.1 ステンレス鋼の概要と特徴

◇ＣｒまたはＣｒとＮｉを含む合金鋼で、Ｃｒ含有量が約１１％以上の鉄合金グループに与えられた名称
◇１９１０年代の初頭に欧米の科学者によって初めて発明
◇現在、１００種類以上のステンレス鋼が生産
◇銀白色の美麗な表面を有し、他の鉄鋼材料や代表的な非鉄金属材料であるアルミ合金、銅合金などに比べて、耐食性、耐熱性および強度に優れた材料。
◇リサイクル性に富む

各種バネ部材など、その特徴を活かした用途に多用されている。さらにステンレス鋼板はリサイクル性に優れた環境対応型素材である。例えばSUS304は、リサイクル率が90％であり、その新規溶製材では、リサイクルされたスクラップが原料に占める割合がおよそ60％を占めている。

(2) ステンレス鋼板の生産と市場性

図 6.3.1 に、ステンレス鋼熱間圧延鋼材、すなわち冷延鋼板の母材も含めた国内総生産の推移を示す。

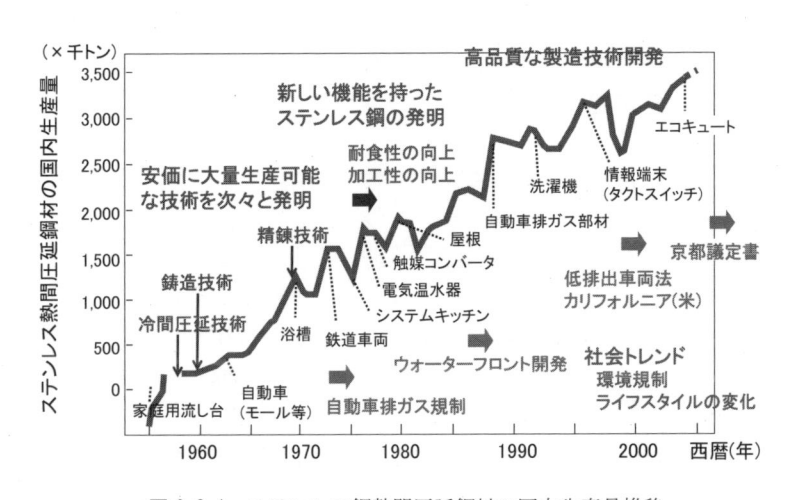

図 6.3.1 ステンレス鋼熱間圧延鋼材の国内生産量推移

126   6. 抗菌材料の現状と可能性

　ステンレス鋼板は高度経済成長前、1950年代までは非常に高価な素材であった。その後半に、国内最初の広幅鋼帯冷間圧延機センジミアミルが導入され、工業製品化への道が切り開かれた。この冷間圧延機一機で当時の国内生産量数千トン／月を供給できる能力があったことからもわかるとおり、かなり先駆的な投資であったことが伺える。

　以降、時代とともに鋳造、精錬などの生産技術が進歩し、コストダウンを図りつつ、製品の高純度化、高精度化が可能となり、今日まで、その市場拡大が続いてきた。厨房シンク、洗濯機ドラムなど我々の家庭で使用される機器への適用に始まり、携帯機器や自動車排ガス部材、貯搭槽缶体などの商品群がステンレス鋼板の生産量を押し上げてきた。

　最近では、世界的な排ガス規制に始まる低炭素社会化の流れ、国内では狭い国土における腐食環境の厳しい沿岸地域開発の流れを背景として、ステンレス鋼板の需要は引き続き増加基調にある。

(3)　ステンレス鋼板の分類

　表6.3.2に、ステンレス鋼板のJIS規格における分類例を示す。SUS304、SUS430などを含めてJISだけでも60以上の鋼種が規定されている。大きくはマルテンサイト系、フェライト系、オーステナイト系、オーステナイト・

表6.3.2　ステンレス鋼板のJIS規格における分類

分類		3桁番号	鋼種数	代表鋼種
マルテンサイト系 (M)	Cr系	400番台	7	SUS420J2 (0.3C-13Cr)
フェライト系 (α, F)	Cr系	400番台	14	SUS430 (0.06C-17Cr)
オーステナイト系 (γ, A)	Cr-Ni系	300番台	37	SUS304 (0.06C-18Cr-8Ni)
オーステナイト・フェライト系	Cr-Ni系	300番台	3	SUS329J1 (0.06C-25Cr-4.5Ni-2Mo)
析出硬化系	Cr-Ni系	600番台	2	SUS630 (0.04C-17Cr-4Ni-4Cu-Nb)

＊）2004年現在，JIS G4304, 4305

6. 抗菌材料の現状と可能性

表 6.3.3 ステンレス鋼の分類と特徴

JIS	(例)	金属組織	結晶構造
300番台	(304/18Cr-8Ni)	オーステナイト相	f.c.c.
400番台	(430/17Cr)	フェライト相	b.c.c.
	(420J2/0.3C-13Cr)	マルテンサイト相	b.c.t.

化学成分 ⇒ ・金属組織 / ・結晶構造 ⇒ 特性

フェライト系および析出硬化系の五つに分類される。表 6.3.3 に示すように、主要成分により金属組織や結晶構造が決まり、その材料特性が発現する。すなわち、主に成分範囲を規定して、鋼種分類されていることに特徴がある。

抗菌ステンレス鋼では、これら既存ステンレス鋼の分類に準じて 3 分類、4 鋼種の材料開発が行われ、既存のステンレス鋼に抗菌性を付与した鋼が作られた。表 6.3.4 に、抗菌ステンレス鋼の化学成分と鋼種分類を示す。耐食性に優れ、加工硬化の低いフェライト系鋼は家電用器物など汎用素材として、強度、耐摩耗性に優れるマルテンサイト系鋼は刃物用途へ、耐食性に優れ、

表 6.3.4 抗菌ステンレス鋼の化学成分と鋼種分類

NSS	概略組成 (mass%)	分類	特徴
AM-1	0.01C-17Cr -1.5Cu-0.3Nb	フェライト系 400番台	・軟質で延性良好、加工硬化小 ・一般耐食性良好 ・磁性あり ・熱膨張小
AM-2	0.3C-13Cr -3Cu	マルテンサイト系 400番台	・焼入れにより高強度化→耐摩耗性に優れる ・加工性劣る ・一般耐食性劣る ・磁性あり ・熱膨張小
AM-3	0.04C-18Cr-9Ni -3.8Cu-1.6Mn	オーステナイト系 300番台	・高延性、高加工硬化 ・一般耐食性良好、応力腐食割れ感受性大
AM-4	0.01C-17Cr-7Ni -3.8Cu-1.4Mn		・磁性なし/ただし加工により磁性帯びる場合あり ・熱膨張大

高延性を有するオーステナイト系鋼はシンクなどの高い成型性が求められる用途を目的にそれぞれ開発された。

6.3.3 銅を合金化した抗菌ステンレス鋼
(1) 開発の経緯

1990年代中頃、食品分野ではO-157や集団食中毒、乳製品への黄色ブドウ球菌の混入などをはじめとする細菌による災害の社会的な問題が顕在化し、関心が高まる中、HACCPの日本国内への導入が開始された。このような社会状況の中、1996年（平成8年）に抗菌ステンレス鋼板は商品化された。

商品化の数年前、"Cuには抗菌性"があるが、既存のステンレス鋼板にもCuを含んだ鋼がある、すなわち、ステンレス鋼板に抗菌性を付与することができるのではないか、という議論をきっかけに、まず2mass%Cuを含有する既存鋼SUS304J1Lの抗菌性が調査された。検討当初は、ステンレス鋼板の抗菌力試験方法が標準化されていなかった。そこでプラスチック製品やセラミックス製品で検討されていたフィルム密着法が適用され、その抗菌力が評価された。表6.3.5に、2D仕上げ材の評価結果を示す。同時比較したSUS304では細菌数に変化が認められないのに対し、2mass%Cuを含有するSUS304J1Lが4桁以上細菌数が減少し、抗菌力が認められた。

表6.3.6に、表面状態を変えた場合の抗菌力試験結果を示す。2D仕上げでは抗菌性を示すSUS304J1Lの表面を耐水研磨紙により研磨仕上げすると抗菌性が低下することが明らかになった。

表6.3.5 Cu含有既存鋼の抗菌力（フィルム密着法、菌種：黄色ブドウ球菌）

鋼種	試験前生菌数	24h後生菌数
SUS304 (18Cr-8Ni)	1.7×10^5	1.4×10^5
SUS304J1L (17Cr-7.5Ni-2Cu)	1.5×10^5	10

表 6.3.6　Cu 含有既存鋼の抗菌力（フィルム密着法、菌種：黄色ブドウ球菌）

表面	試験前生菌数	24h後生菌数
素材（2D）	1.5×10^5	40
#400研磨	1.5×10^5	1.2×10^4

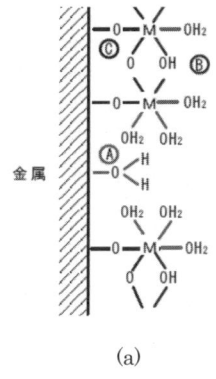

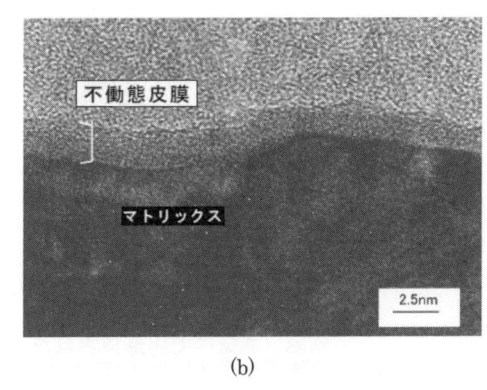

図 6.3.2　ステンレス鋼表面の不働態皮膜。(a) 不働態皮膜のモデル [20]、(b) 代表的なステンレス鋼 18Cr-8Ni の不働態皮膜観察例

　図 6.3.2 に、ステンレス鋼の不働態皮膜の推定構造と透過電子顕微鏡による断面組織を示す。Cr を主体とする水酸化物層である不働態皮膜で覆われており、その皮膜は数 nm の非常に薄い層であることがわかった。

　図 6.3.3 に、抗菌力試験に供したサンプルの表層からの深さ方向での Cu 分布状態を、ESCA により分析した結果を示す。研磨仕上品で、不働態皮膜に相当する領域での Cu 強度が低下していることが認められる。そこで図 6.3.4 に、SUS304J1L などの従来から Cu を含有する鋼（Cu 含有既存鋼）の抗菌力に関する推定模式図を示す。Cu 含有既存鋼では不働態中に濃化した Cu がイオン化することで抗菌性発現に関与するが、鋼板表面を研磨すると室温で再形成された不働態皮膜には Cu の濃化がなく、抗菌性が消失することが考えられる。すなわち、製品として見た場合、安定して抗菌力が発現

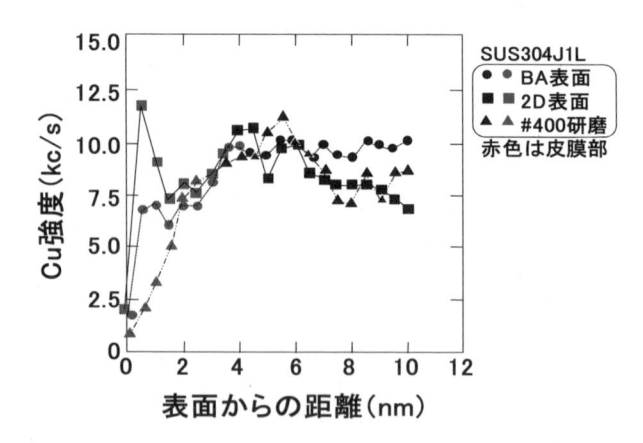

図6.3.3 ステンレス鋼板表層から深さ方向のCu分析結果

図6.3.4 Cu含有既存ステンレス鋼板の抗菌性発現に関する課題

できないという課題が顕在化した。また、製造ロットの間でも抗菌性にばらつきが認められた。さらに、後述するように、Cu含有既存鋼では抗菌力の持続性が維持できないこともわかった。

　これらの課題に対して、鋼中のCuの存在形態に着目した。従来より、Cu含有鋼の中には、Cuを微細析出物として分散させて高強度化する手法、すなわち析出強化するステンレス鋼板がすでにあった。ただし、この手法ではCu相をナノオーダーサイズの非常に微細な状態で析出させることでその効果を付与していたが、抗菌ステンレス鋼板ではこれを粗大化させることで抗

菌性が引き出せることがわかった。

　この金属組織を工業生産するためには、製造工程の適正化が必要である。一般的なステンレス鋼板の製造では、重量100トン単位の溶鋼を精錬した後、連続鋳造により重量10トン程度の鋼塊とし、これを再加熱後、熱間圧延により熱間圧延コイルを製造する。引き続きこれを加熱炉で焼きなまし、酸洗後、冷間圧延、仕上げの焼なまし酸洗を施して、冷間圧延コイルとする。Cu相を粗大に分散析出させるために、以下の観点からこの製造工程の適正化が図られた。

① 抗菌力の観点から、Cu相を大きく、多量に析出させることが必要であり、そのためには母相における固溶限を超える、できるだけ多くのCuを含有させることが望ましい。

② しかし、過度にCuを含有すると製造性、特に熱間加工性を損なうので、含有量の上限を規制することが必要である。

③ 目標とするCu相分散組織とするためには、熱処理条件の適正化とこれを実ライン製造工程で実施することが必須である。

　図6.3.5に、上述した工程を経て製造したオーステナイト系抗菌ステンレス鋼のCu相分散析出組織の電子顕微鏡観察結果を示す。サブミクロンサイズのCu相が分散析出していることが認められる。一方、同じ成分鋼を析出

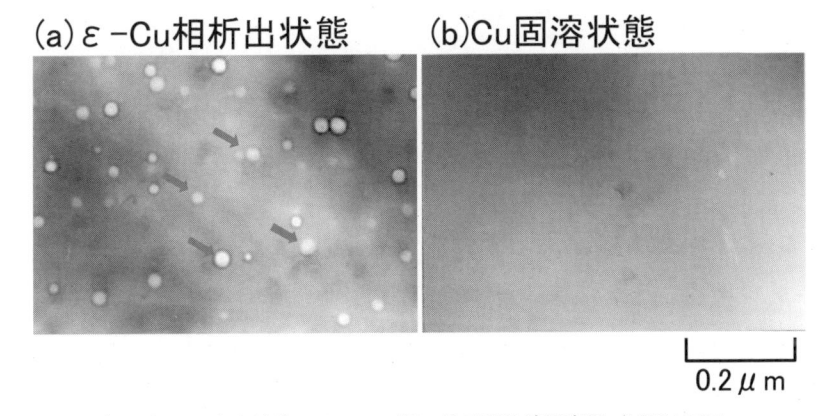

図6.3.5　Cu含有抗菌ステンレス鋼の電子顕微鏡観察例（NSSAM3/18Cr-9Ni-3.2Cu）

処理しない場合、すなわち Cu が母相に固溶した状態では、析出物が認められない。

以上の検討結果を踏まえ、表 6.3.4 に示した抗菌ステンレス鋼が開発された。AM-1 はフェライト系ステンレス鋼で主要成分は 17Cr-1.5Cu、AM-2 はマルテンサイト系で 0.3C-13Cr-3Cu を主要成分とし、AM-3 および AM-4 は Cr-Ni 系鋼のオーステナイト系で 3.8Cu を含む。

(2) 抗菌力

図 6.3.6 に、JIS Z 2801 に規定される抗菌力試験方法の概要を示す。本試験では抗菌活性値が 2.0 以上で抗菌力ありと判定される。そこで表 6.3.7 には、この試験に基づいて実施した抗菌ステンレス鋼板の抗菌力試験結果を示す。いずれの鋼種も抗菌力ありと判断される。表 6.3.8 には、AM-1 と AM-3 の表面を研磨した場合の抗菌力試験結果を示す。製品仕上げ表面同様、安定した抗菌力を示す。

表 6.3.9 には、各種菌に対する抗菌ステンレス鋼板の抗菌力のまとめを示す。芽胞を形成する枯草菌や、カビ類には抗菌効果が認められなかったが、その他の細菌に対しては効果が認められた。

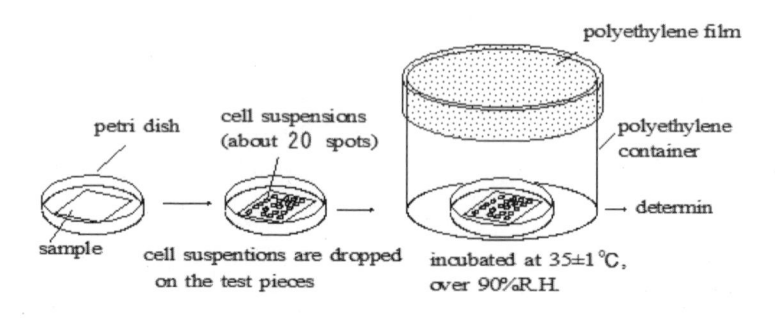

$$R = [\log(B/A) - \log(C/A)] = \log(B/C)$$

ただし、R:抗菌活性値、2.0以上→抗菌力あり
　　　　A:抗菌無加工試験片の接種直後の生菌数の平均値
　　　　B:抗菌無加工試験片の24h後の生菌数の平均値
　　　　C:抗菌加工試験片の24h後の生菌数の平均値

図 6.3.6　抗菌力試験方法（JIS Z 2801）

表 6.3.7 抗菌力試験結果 (JIS Z 2801)

菌種	試験開始時生菌数	試験後の(サンプルに接触後の)生菌数		抗菌力	
				抗菌活性値R	判定
黄色ブドウ球菌	1.6×10^5 〜 2.9×10^5	AM-1	30	3.4	効果あり
		AM-2	<10	3.4	効果あり
		AM-3	<10	3.8	効果あり
		AM-4	<10	3.9	効果あり
		SUS430	1.3×10^6	—	—
		SUS304	$8.7 \times 10^4 〜 1.3 \times 10^5$	—	—
		ポリエチレンフィルム	$7.0 \times 10^4 〜 1.8 \times 10^6$	—	—
大腸菌	1.8×10^5 〜 2.4×10^5	AM-1	1.2×10^5	2.3	効果あり
		AM-2	<10	4.8	効果あり
		AM-3	4×10^2	4.8	効果あり
		AM-4	<10	6.0	効果あり
		SUS430	1.3×10^6	0.2	—
		SUS304	$9.4 \times 10^5 〜 1.4 \times 10^7$	—	—
		ポリエチレンフィルム	$1.0 \times 10^7 \pm 2.2 \times 10^7$	—	—

表 6.3.8 抗菌ステンレス鋼板の抗菌力安定性 (フィルム密着法、菌種:黄色ブドウ球菌)

鋼種	表面	試験前生菌数	24h後生菌数
AM-1	素材	4.8×10^5	<10
	#400研磨	4.8×10^5	<10
AM-3	素材	1.9×10^5	<10
	#400研磨	1.9×10^5	<10

表 6.3.9 抗菌ステンレス鋼板の各種菌に対する抗菌力

効果が大きい菌種	効果が小さい菌種
黄色ブドウ球菌	枯草菌
(MRSA)	カビ類
大腸菌	白癬菌
緑膿菌	サッカロミセス（酵母）

図 6.3.7 には、抗菌力の発現機構に関する推定を示す。従来の Cu 含有鋼は、不働態皮膜に付着していた Cu が研磨などにより除去されると抗菌力が消失する。一方、抗菌ステンレス鋼では、表面に存在する ε-Cu 相から Cu イオンが溶出するため、抗菌力が安定的に発現できる。図 6.3.8 には、抗菌試験時間と生菌数の関係を示す。抗菌効果が発現する、すなわち、抗菌活性値が 2.0 以上となるのには、12 時間程度かかる。

以上のように、抗菌力試験に基づく基本特性が理解された。次に、鋼板表面への水分付着と洗い流しの繰り返しや、その乾燥など実環境を想定した試験が行われ、抗菌力の持続性が評価された。

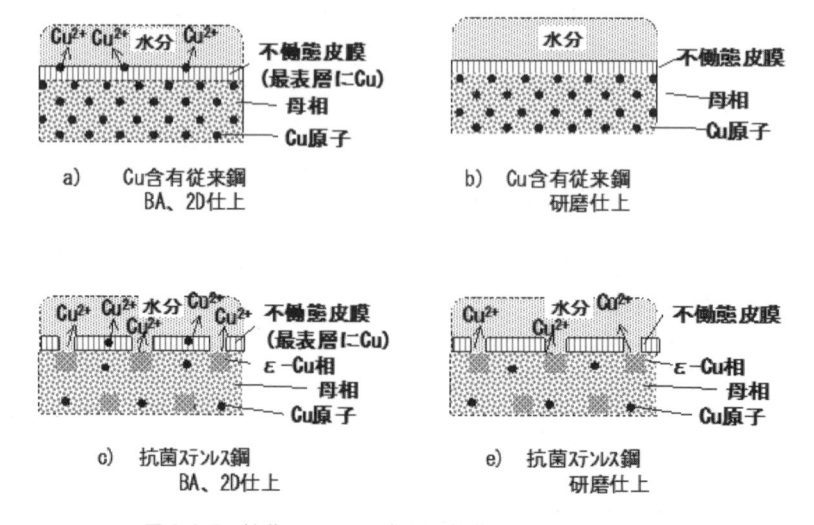

図 6.3.7 抗菌ステンレス鋼板の抗菌性発現メカニズム

6. 抗菌材料の現状と可能性

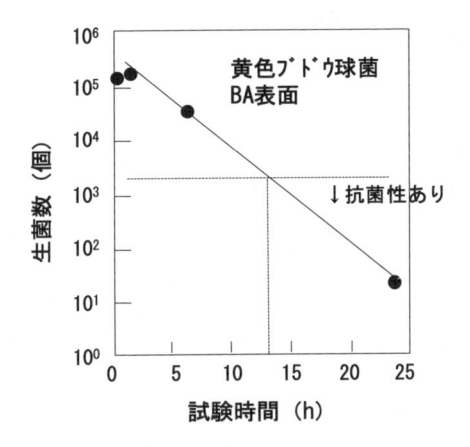

図6.3.8 NSSAM-1の抗菌力の試験時間依存性

　表6.3.10には、室温の溜め水に30分間浸漬後、60℃で30分間乾燥、これを1サイクルとしてサイクル数ごとの抗菌力をフィルム密着法により評価した結果を示す。200サイクルまで抗菌力を維持していることが認められた。

　表6.3.11には、包丁など、繰り返し洗浄されることを想定した持続性試験結果を示す。スポンジ面で20回繰り返し磨いた後、流水で30秒間洗浄、引き続き室温で10分間乾燥後、冷風ドライヤーで3分間強制乾燥され、これを1サイクルとして、所定サイクルを経たサンプルの抗菌力が調査された。

表6.3.10　NSSAM-1の抗菌力持続性試験結果

試験 サイクル数	黄色ブドウ球菌		減菌率 (%)※
	試験開始生菌数	24時間後生菌数	
0	3.1×10^5	<10	100
50	2.1×10^5	1.5×10^2	99
100		7.6×10^2	99
200		6.7×10^2	99

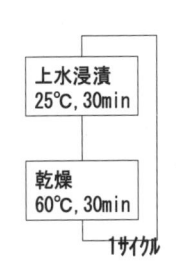

24時間後生菌数　<10の表示は正菌が検出されないことを示す。
※　減菌率(%)＝（Cb－Ca）／Ca×100
　　ただし　Cb：試験開始時正菌数
　　　　　　Ca：24時間後生菌数

表 6.3.11　NSSAM-2 の抗菌力持続性試験結果

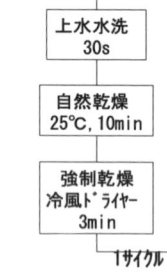

試験サイクル数	黄色ブドウ球菌		減菌率(%)※
	試験開始生菌数	24時間後生菌数	
0	2.2×10^5	<10	100
15	2.2×10^5	47	99
90	2.2×10^5	1.0×10^2	99
180	2.2×10^5	3.2×10^2	99
270	1.9×10^5	1.0×10^2	95
→スコッチ研磨	2.2×10^5	<10	100

24時間後生菌数　<10の表示は正菌が検出されないことを示す。
※　減菌率(%)＝（Cb−Ca）／Ca×100
　　ただし　Cb：試験開始時正菌数
　　　　　　Ca：24時間後生菌数

［フロー図：スポンジたわしによる研磨20回 → 上水水洗30s → 自然乾燥25℃, 10min → 強制乾燥冷風ドライヤー3min　（1サイクル）］

180サイクルまでは抗菌力を維持しているが、270サイクルで抗菌力の低下が認められた。そこで、270サイクル終了試験片をスポンジたわしの固い面で磨いた後、抗菌力試験を実施すると、抗菌力が回復していることが認められた。

素材が使用される実環境では、常に湿潤環境にあるとは限らない。例えば各種細菌は空気中の埃、微粒子に付着し生存している場合もある。そこで乾燥状態で細菌を接種後、生活環境と同程度の湿度、温度環境に保持した場合

表 6.3.12　ドライ環境下での抗菌力試験方法

	ドライ試験	フィルム密着法
培地	0.1%ペプトン水	1/500NB
菌数	約10^6個/0.5ml	$0.2 \sim 1.2 \times 10^6$個/ml
実験操作	分散滴下 50℃加熱→水分蒸発 【初期生菌数測定】 25℃、60%RH保持 【24h後の生菌数測定】	【初期生菌数測定】 分散滴下 35℃、90%RH保持 【24h後の生菌数測定】

6. 抗菌材料の現状と可能性

の抗菌力について実験室での検証がなされた。

表6.3.12に示す要領で、乾燥状態での抗菌力が評価された。これを本稿ではドライ試験と呼び、湿潤環境試験であるフィルム密着法と対照して示す。初期摂取生菌の養分濃度を高めにし、生菌数密度を高めて、乾燥後にも生菌として存在できるような環境が設定された。菌液を分散滴下後、50℃で水分を蒸発させ、24時間保持し、生菌数が測定された。表6.3.13に、試験結果を示す。抗菌ステンレス鋼では、Cu同様、生菌数の減少が認められた。一方、SUS304やシャーレ上では生菌数の減少は認められなかった。したがって、比較的乾燥した実環境においても、抗菌ステンレス鋼板は抗菌効果を発現する可能性を有していると考えられる。

表6.3.13　ドライ環境下での抗菌力試験結果

Test specimen	Initial viable cell counts (cfu)	Viable cell counts after 24h (cfu)	Logarithmic reduction rate
NSSAM-3	1.4×10^6	880	3.2
Cu	2.8×10^5	27	4.0
SUS304	1.2×10^6	2.2×10^6	0.2
petri dish	9.4×10^5	2.2×10^4	1.6

一方、JIS Z 2801の規定にもあるように、抗菌力試験方法は抗菌加工製品として重要と考えられる性能の一部である抗菌力試験方法と抗菌効果について規定しているものであること、抗菌効果の一つの目安であり、様々な抗菌効果の変動要因（メンテナンス状況、付着細菌種、残存栄養成分種や濃度・pHなど）があるため、実際の使用条件下における抗菌効果を保証するものではない。

上述の検討において、抗菌ステンレス鋼板の実験室レベルでの抗菌力が測定されたが、これらの結果は、抗菌性に及ぼす要因が変動する実使用環境下での抗菌力を保証するものではない。実際、目に見えない抗菌力の保障、検証をどのようにするか、用途開発におけるユーザーとの間で必ず挙げられる課題であった。そこで実環境での抗菌力を調査する、いわゆるフィールドテストにより、抗菌力の検証が試みられた。

6.3.4 フィールドテスト

現在は、何でも抗菌化の波は去り、安全性の確保された高品質の抗菌処理化が求められ、安心安全空間の実現にこれを適用するべきであるとされている[21]。抗菌ステンレス鋼板の開発においても、抗菌性イメージでの市場性拡

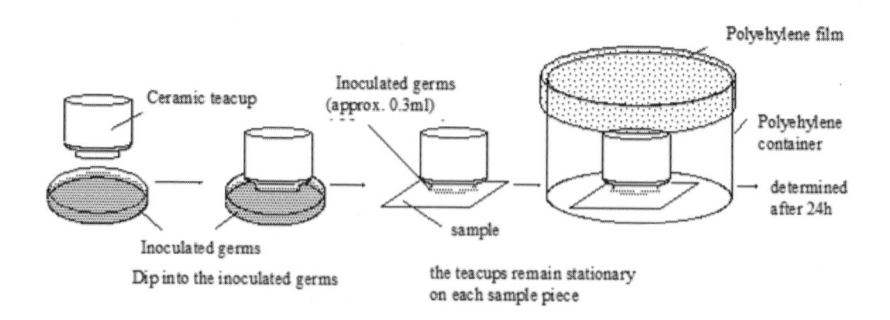

図 6.3.9 シミュレート試験(茶碗底汚染)方法

表 6.3.14 シミュレート試験(茶碗底汚染)結果

実験番号 $\S$	開始時菌数*	検査後の(接触後の)菌数**		増減値差		判定 b
				対ポリエチレンフィルム $\S$	対開始時菌数 #	
1	1.6×10^5	抗菌ステンレス鋼(NSS AM-1、BA仕上)	0	5.1	5.2	効果あり
		抗菌ステンレス鋼(NSS AM-3、BA仕上)	0	5.1	5.2	効果あり
		抗菌ステンレス鋼(NSS AM-4、BA仕上)	0	5.1	5.2	効果あり
		Cu板	0	5.1	5.2	効果あり
		SUS 430	$4.7 \times 10^5 \pm 8 \times 10^4$	-0.6	-0.5	効果なし
		SUS 304	$8.7 \times 10^4 \pm 5 \times 10^3$	0.2	0.3	効果なし
		ポリエチレンフィルム	$1.3 \times 10^5 \pm 2 \times 10^3$	—	0.1	効果なし
2	1.1×10^5	抗菌ステンレス鋼(NSS AM-1、BA仕上)	$4.1 \times 10^3 \pm 1 \times 10^4$	1.1	1.5	効果なし
		抗菌ステンレス鋼(NSS AM-3、BA仕上)	$7.1 \times 10^2 \pm 5 \times 10^2$	1.8	2.2	効果あり
		抗菌ステンレス鋼(NSS AM-4、BA仕上)	$6.5 \times 10^2 \pm 6 \times 10^2$	1.9	2.2	効果あり
		Cu板	1.4×10^1	3.5	3.9	効果あり
		SUS 430	$7.2 \times 10^4 \pm 5 \times 10^4$	-0.2	0.2	効果なし
		SUS 304	$7.8 \times 10^4 \pm 5 \times 10^4$	-0.2	0.1	効果なし
		ガラスシャーレ	$6.3 \times 10^4 \pm 5 \times 10^4$	-0.1	0.2	効果なし
		ポリエチレンフィルム	$4.9 \times 10^4 \pm 5 \times 10^3$	—	0.4	効果なし

$\S$ 2回の実験を行った。
* コロニー形成法で測定。
** 茶碗底とステンレス鋼板の間に付着時、24時間後にコロニー形成法により、第1回目は2サンプル、第2回目は4サンプルを試験。
$\S$ 対照であるポリエチレンフィルムの菌数(C)に対する、ステンレス鋼の菌数(D)の比を対数で現した値。
\# 開始時菌数(A)に対する、24時間後の菌数(D)の比を対数で表した値。
b LOG(C/D)またはLOG(A/D)の値が2.0以上の場合に、抗菌力の判定として、"効果あり"となる。

6. 抗菌材料の現状と可能性

大に限界が見えたこと、したがって実環境での検証データに基づく訴求が必要であると考え、実環境に即した抗菌力試験、実環境下での抗菌力評価がなされた。

図 6.3.9 に、茶碗底に雑菌が付着したことを想定して、抗菌力を評価した試験の概要を示す。茶碗底に雑菌を含む水分を付着させ、恒温恒湿環境で24時間保持後、ATPにより生菌数が測定された。さらにフードスタンプ上への試験後の菌液培養によるコロニーの観察が行われた。

表 6.3.14 に、ATP による生菌数測定結果を示す。1回目の試験では、抗菌ステンレス鋼やCuで、24時間後に生菌はカウントされず、430や304などの一般ステンレス鋼に対する優位性が認められた。2回目の試験では、抗菌

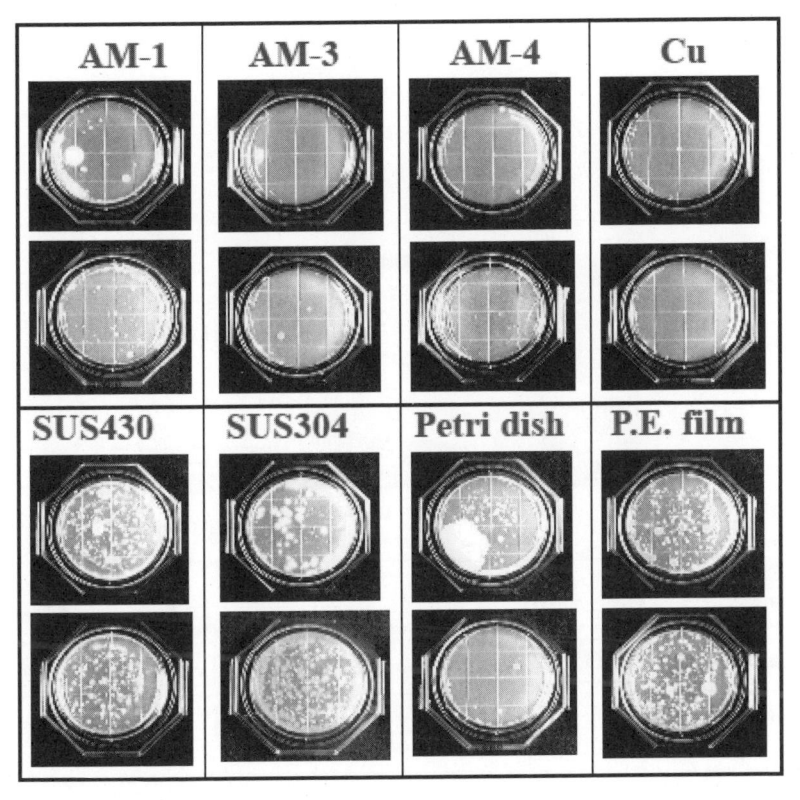

図 6.3.10　フードスタンプによる茶碗底汚染シミュレート試験評価結果

ステンレスの減菌量が低下したが、それでも一般ステンレス鋼板に比べて減菌量が多い傾向が認められた。図6.3.10に、フードスタンプによる試験結果を示す。上段が1回目、下段が2回目の試験結果である。観察されたコロニー数では、1回目、2回目ともに抗菌ステンレス鋼が一般ステンレス鋼板に比べて少ない傾向を示し、優位性が認められた。

図6.3.11には、社員食堂でのフィールドテストの概要を示す。食堂厨房の調理台天板を2分割し、一方が抗菌ステンレス鋼、一方がSUS304で作製された。食堂の使用状況と生菌数サンプリングタイミングを示す。初日、夕食営業中に第1回目、清掃作業後に第2回目、翌日、朝食営業開始直前に第3回目、営業中に第4回目のサンプリングが実施された。図6.3.12に、スワブ法によるサンプリング例を示す。枠内面積 $100 cm^2$ の治具を使用し、調理台天板面上で、治具枠内をスワブセットで拭き取り後、1mlを採取して寒天培養後、生菌数が測定された。表6.3.15に測定結果を示す。抗菌ステンレス鋼板製の天板ではサンプリングタイミング全体を通じて、SUS304に比べ生菌数が少ない傾向が認められた。特に初日の清掃後、翌日、早朝の営業前での

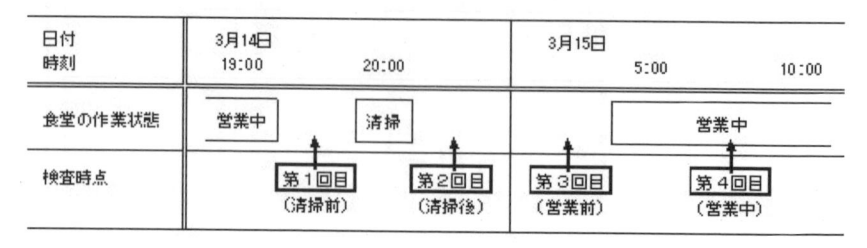

図6.3.11 社員食堂でのフィールドテストの概要

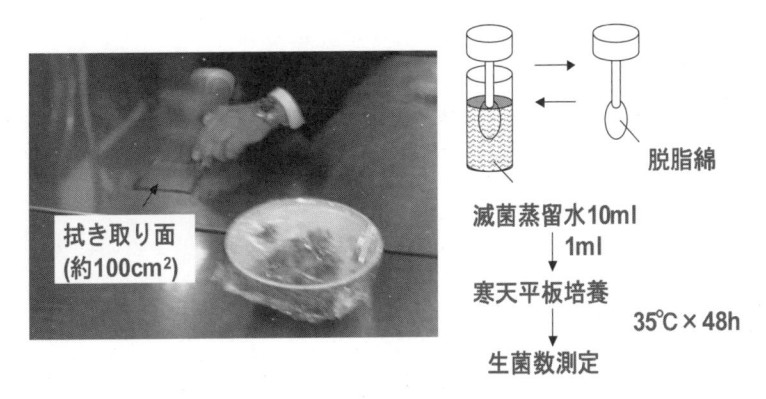

6. 抗菌材料の現状と可能性　　　　　　　　　　　　　　　141

図6.3.12　スワブ法によるサンプリング例

表6.3.15　食堂厨房におけるフィールドテスト結果

測定対象		測定対象の材質	生菌数			
			①3月14日 19:00 清掃前	②3月14日 20:00 清掃直後	③3月15日 5:00 作業直前	④3月15日 10:00 作業中
ふきとり検査*	調理台天板**	抗菌SUS(NSS AM-3)	10	420	<10	330
			<10	460	10	150
			70	510	<10	50
		一般SUS(SUS304)	12000	4000	1100	4500
			30000	9300	150	120
			2900	570	24000	4000
	包丁	抗菌SUS(NSS AM-2)	10	—	<10	—
		特殊鋼	20	—	900000	—
	レンジフード	一般SUS(SUS304)	<10	—	—	—
	床	コンクリート	120000000	—	—	—
	冷蔵庫取手	樹脂	29000	—	—	—
	まな板	樹脂	2200000	—	—	—
	ふきん	布	—	3200	—	18000
空中浮遊菌数の測定***	厨房中央	細菌	7	—	2	93
		カビ	25	—	18	77
		酵母	6	—	0	0

*拭取り法では、10cm四方（100cm^2）の面積を拭取り、コロニー形成法で測定した。
**天板の場合は、ランダムに3点を選び、それぞれについて細菌数を測定した。
***空気100L中の測定結果。

測定では、明らかに生菌数が少ない結果となった。

しかし、これはある特定の日の結果なので、測定回数を増すことで、統計的な有意差を確認すべく、以降、早朝、朝食営業直前の状態での測定が 20 日間実施された。表 6.3.16 に、20 日間にわたり朝食営業前にサンプリングした生菌数測定結果を示す。ブランクは測定に際してスワブキットを開け、空中に曝したのち、速やかに容器に戻す操作をサンプリング時に実施したもので、実験者からの生菌汚染など、外乱要因が確認された。いずれのタイミ

表 6.3.16 食堂厨房配膳台における連続拭き取り試験結果

通算測定日	実際の測定月日 (2000年)	曜日	生菌数（個／ml）* SUS304	NSS AM-3	ブランク **
1日	4月13日	木	2	0	0
2日	4月14日	金	8900	31	0
3日	4月17日	月	23	100	0
4日	4月18日	火	0	4	0
5日	4月19日	水	3	6	1
6日	4月20日	木	5	1	0
7日	4月24日	月	39	35	0
8日	4月25日	火	9	7	0
9日	4月26日	水	21	0	0
10日	4月27日	木	46	1	0
11日	5月9日	火	0	1	0
12日	5月10日	水	37	3	0
13日	5月11日	木	4	19	0
14日	5月15日	月	24	20	0
15日	5月16日	火	16	1	0
16日	5月18日	木	6	2	0
17日	5月19日	金	1	3	0
18日	5月22日	月	12000	1200	0
19日	5月23日	火	19	0	0
20日	5月24日	水	14	4	0

* スワブキット中に回収された全菌数。
** 同一スワブキットを、拭取り測定時に開封し、直ちに密栓するもの。
測定環境や測定者からの汚染をモニターするため実施。

ングでも生菌数は0カウントなので、本試験では外乱要因がほとんどない状態で実施できたと考えられる。20日間、全体を通じて抗菌ステンレス鋼の生菌数は抑制されており、特に2日目、18日目ではSUS304に比べて1桁から2桁生菌数が抑制されていることが確認された。このフィールドテストでは、抗菌ステンレス鋼を適用することにより、安心・安全を確保するという意味で効果があるものと考えられる。

6.3.5 適用事例

次に実用途で効果が認められた事例を紹介する。

図6.3.13には、食品輸送用の冷凍トラックの荷台内装に抗菌ステンレス鋼板を適用した例を示す。スーパーの配送センターから店舗までの生鮮食料品輸送に使用されている車両であり、その輸送後、上水により庫内を洗浄する。この状態を洗浄後とする。洗浄8時間経過後、翌朝使用後の計3回のタイミングで生菌数が測定された。抗菌ステンレス使用車両では、洗浄8時間経過

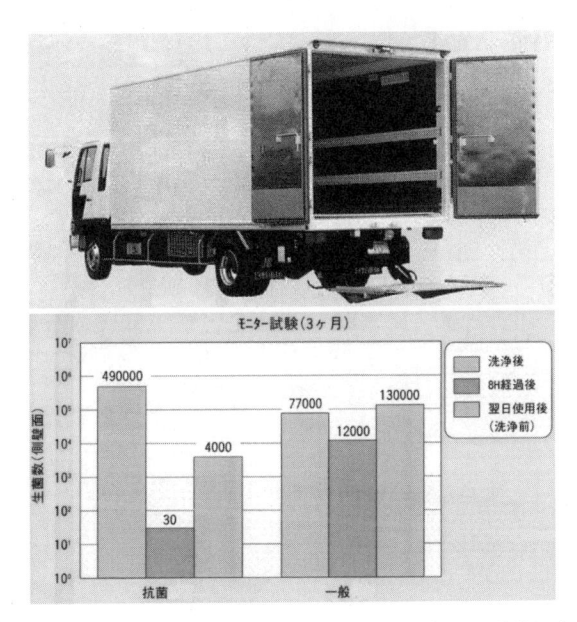

図6.3.13 抗菌ステンレス鋼板の適用事例。保冷車内装材と生菌数測定結果（日野自動車株式会社提供）

後、翌日使用後の状態での生菌数が抑制されていることが認められた。

図 6.3.14 に、CO_2 インキュベーターの概要を示す。CO_2 インキュベーターとは、細胞培養装置であり、その内装材に抗菌ステンレス鋼を適用した事例を紹介する。装置庫内装材としては、目的とする細胞の培養に影響することなく庫内の雑菌繁殖を抑制できること、運転する湿潤環境下で稼働させる際に耐食性を有すること、の 2 点が求められる。図 6.3.15 には、抗菌ステンレス鋼板を内装材に適用した場合の雑菌測定結果を示す。

抗菌ステンレス鋼板では雑菌の増加が抑制され、かつ、優れた耐食性を示した。一方、比較で使用した Cu 合金では腐食が認められ、一般ステンレス鋼板では雑菌の増殖が認められた。本用途では、雑菌の繁殖防止と実験環境

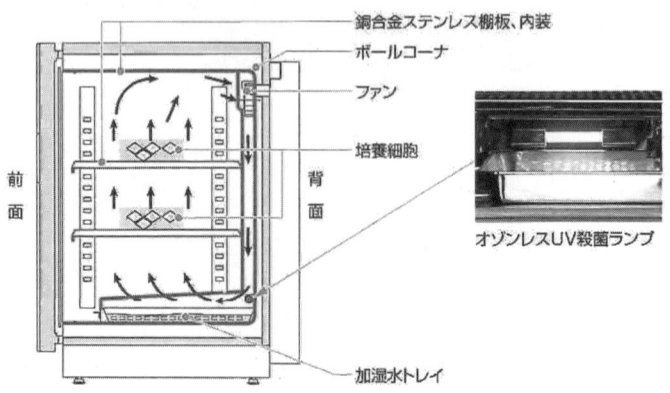

図 6.3.14 抗菌ステンレス鋼板の適用事例。CO_2 インキュベーターの概要（三洋電機株式会社提供）

6. 抗菌材料の現状と可能性

■銅合金ステンレスを採用し高い抗菌効果を実現

内装には、抗菌性能と耐腐食性に優れた銅合金ステンレスを採用。銅の高い抗菌作用とステンレスと同等の耐腐食性を兼ね備えています。また、培養物への悪影響もありません。

■滴下方式によるバクテリア抗菌テスト

銅合金ステンレス　　銅 (C1100)　　ステンレス (SUS-304)

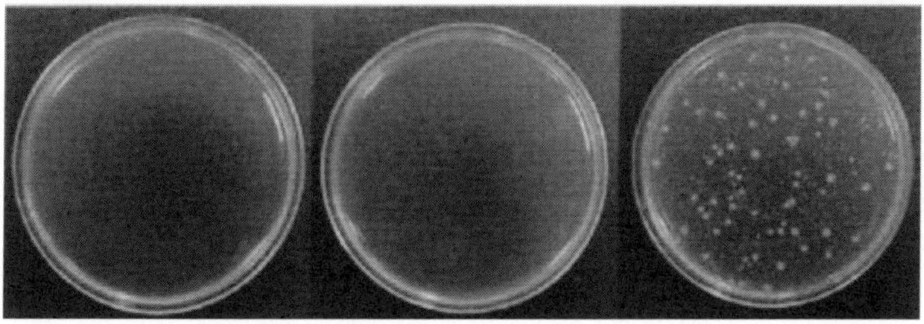

大腸菌 ATCC8739

滴下 24 時間後のバクテリア殺菌率

菌　類	ステンレス (SUS-304)	銅合金ステンレス
大腸菌（ATCC8739）	0 %	99.928 %
大腸菌（IFO3301）	0 %	99.847 %
黄色ブドウ球菌（ATCC6538P）	0 %	99.998 %
耐熱枯草菌（ATCC7953）	0 %	99.870 %

図 6.3.15　抗菌ステンレス鋼板の抗菌力および耐食性試験結果例。CO_2 インキュベーター部材としての評価（三洋電機株式会社提供）

における耐食性維持を、内装材に抗菌ステンレス鋼板を使用することにより達成している。

6.3.6　まとめ

本素材は、当初、イメージが先行した抗菌ブームの中で多様な用途への適用を試みてきたが、イメージに基づく商品の市場拡大には限界があった。一方、実使用環境で安全性が求められ、かつ効果が実証された用途では息長く採用されている。したがって、抗菌ステンレス鋼板の適用にあたっては、実使用環境での検証データを積み上げ、抗菌力の安定性、再現性、持続性を地

道に実証し[15,22]、安心安全空間創生に寄与する素材としてアピールしていくことが必須である。なお、本節の終わりにあたって、抗菌ステンレス鋼板の適用効果に関するデータ、資料を快くご提供頂いた日野自動車株式会社、三洋電機株式会社に厚く御礼申し上げます。

参考文献

1) 財団法人食品産業センター（JAFIC）.
 <http://www.shokusan.or.jp/haccp/basis/1_4_27_medicine%20washing.html>
2) 社団法人日本食品衛生協会食品衛生研究所.
 <http://www.n-shokuei.jp/houjin/laboratory/>
3) 財団法人食品産業センター（JAFIC）.
 <http://www.shokusan.or.jp/haccp/hazardous/2_8_ziyukin.html>
4) 栗田工業　空調の水処理.(2004).
5) オルガノ　空調用水処理技術の概要.(1990).
6) 黒田大介; 生貝初; 兼松秀行; 小川亜希子　材料とプロセス (CAMP-ISIJ) 2009; Vol. 22, p.1226.
7) 菊地靖志　熱処理 **2003**, *43*, 79.
8) 河端俊治; 春田三佐夫　HACCPこれからの食品工場の自主管理. p.11 (中央法規出版, 1994).
9) 弓削治; 横山浩; 坂上吉一　抗菌のすべて. p.515 (繊維社, 1997).
10) 冨岡敏一　防菌防黴 **1999**, *27*, 641.
11) 山本則幸; 加藤秀樹　防菌防黴 **1998**, *26*, 581.
12) 鈴木昌二　防菌防黴 **2001**, *29*, 85.
13) 山縣敬; 米虫節夫; 布施五郎　応用微生物学の基礎.(文教出版, 1981).
14) 堀口博　防菌防黴の化学.(三共出版, 1982).
15) 長谷川守弘; 宮楠克久; 大久保直人; 中村定幸; 棟居義雄　日新製鋼技報 **1997**, *76*, 48.
16) 大久保直人; 中村定幸; 山本正人; 宮楠克久; 長谷川守弘　日新製鋼技報 **1998**, *77*, 69.
17) 鈴木聡; 石井勝己; 平松直人; 宮楠克久　日新製鋼技報 **2001**, *81*, 17.
18) 鈴木聡; 塩川光一郎; 平松直人　防菌防黴 **2001**, *29*, 433.
19) 鈴木聡; 平松直人　材料とプロセス (CAMP-ISIJ) **2002**, *15*, 1052.

20) Okamoto,G. *Corrosion Science* **1973**, *13*, 471.
21) 菊地靖志　まてりあ **2002**, *8*, 549.
22) 鈴木聡; 中村定幸　*材料とプロセス（CAMP-ISIJ）* **2004**, *17*, 1113.

おわりに

　微生物が地球上に現れたのは、地球が誕生して数億年たってからである。当時は還元性の大気であって、私たちが住めるような世界ではなかったようである。現在こうして酸素の豊富な世界になったのは微生物の力によるところが大きかったと思われる。様々な鉱物資源や石油など、あらゆる自然環境に微生物の影響が認められる。この意味で微生物と材料の関わりは、昔も今も私たちの生活にとって本質的なものであるといえる。

　本書は、微生物と材料の関わり合いの中でも、抗菌とHACCPという二つのキーワードをソフトとして、ハードである材料との関わりについて、食品加工関連への用途展開を主として念頭に置きながら、併せて医療福祉関連、構造物関連への展開も含めた抗菌材料に関しての基礎的な事柄を取り上げて解説した書である。

　抗菌材料はまだまだ市場も散在していて、大きな市場には成長していない。また、生物学と材料学の境界領域であり、その学問的な取り扱いについてもいまだ定まらない領域である。完全に異分野の境界領域であることがそのアプローチの難しさをさらに助長して、発達を妨げてきたということもあるのではないかと想像する。

　このような背景の中で生まれてきた本書であるために、異分野間の産官学連携によって生まれ出てきたことはむしろ当然のことであったように思われる。いまだ未発達の領域であるが故に、必然的に生じる誤りや言い過ぎなどが散見することを恐れている。忌憚のない読者諸氏のご意見、ご叱正、ご助言などいただければ幸いである。

　上述のように、抗菌材料は、産学双方にとって未発達の分野であるが、それでもなお、高齢化社会に向かうわが国のこれからの社会は、安心・安全・信頼のできる抗菌材料を今までよりいっそう必要としているように思われる。本書を手に取る多くの方々が、本書から多くのヒントをえて、この方面

への展開へのモティベーションを高めることができるきっかけとなれば、執筆者一同これに勝る喜びはない。

　なお末筆ながら、本書をまとめるにあたって、財団法人科学技術交流財団事務局丹羽茂樹様にはひとかたならぬお世話になった。また、米田出版米田忠史社長には、忍耐強く脱稿をお待ちいただき、出版に際しては多くのアドバイスをいただいた。ここに厚く御礼申し上げる。

事項索引

AES *36*

CIP *109*
CIP 洗浄剤 *111*
CVD 法 *93,95*

EPMA *37*
EPS *41*
ESCA *35*

HACCP *1,7,13*

KLL オージェ電子 *37*

MBC 測定法 *25*
MIC 測定法 *25*

PP *13*
PVD 法 *93*

SIMS *37*
SIP *109*

TRXRF *35*

XPS *34*
XRF *36*
X 線光電子分光法 *34*

あ 行

アトマイズ法 *98*
アナターゼ型酸化チタン *20*
アルコキシド法 *71,96*
アルミニウム *62*
アルミニウム合金 *62*

イオンプレーティング法 *104*
異種金属接触腐食 *66*

衛生管理手法 *9*
液相法 *71,90,96,98*
液体培地希釈法 *25*
エンジニアリングプラスチック *78*
燃焼炎法 *95*
遠心鋳造法 *84*
遠心力混合粉末法 *86*
エンブリオ *92*

オージェ電子分光法 *36*
オートクレーブ滅菌法 *21*
オールドセラミックス *68*
オリゴマー *74*

か 行

開放型循環冷却水系 *113,115*
火炎滅菌法 *21*
化学気相反応法 *93*
化学シフト *35*
化学洗浄 *119,121*
カソード復極説 *46*

事項索引

過飽和状態　91
過飽和度　91
ガラス　67
カルシウムスケール洗浄　119
ガルバニック腐食　66
環境ホルモン　112
乾式粉砕　98
乾熱滅菌法　22

貴化　46
気相法　71,90,93
貴な金属　66,105
キューリー点　58
共沈法　96
局部腐食　65
均一核生成　90
均一沈殿法　71
金属間化合物　59
金属材料　60

久保効果　89
クリーンベンチ　22

蛍光X線　35
蛍光X線分析　36
傾斜機能材料　83
結晶化ガラス　73
結晶格子　57
結晶粒　57

抗菌　17
抗菌加工　17
抗菌活性値　28
抗菌材料　109
抗菌ステンレス鋼　123,128
抗菌性　18,24
抗力　132

抗菌力試験方法　132
格子振動　87
格子振動のソフト化　87
光電効果　34
光電子　34
高分子材料　74
固相反応法　73
固相法　73,90
固溶体　58
コロイド法　96
コンディショニングフィルム　41

さ　行

細菌細胞　18,42
最小殺菌濃度測定法　25
最小発育阻止濃度測定法　25
細胞外多糖　41
酸化チタン　20
3体衝突　91

シェーク法　29
試験菌　23
湿式粉砕　98
質別　62
循環冷却水系　121
蒸気滅菌　109
食品安全マネジメントシステム　9
シリカスケール洗浄　119
真空吸引法　31
真空蒸着法　99,102
浸漬試験法　30

スーパーエンジニアリングプラスチック
　79
隙間腐食　65
スケール　114

スケールコントロール剤　114,115
スタンプ法　31
ステンレス鋼板　122,124
スパッタリング　37
スパッタリング法　99,103
スライム　114
スライム形成　5
スライムコントロール剤　114
スライム洗浄　119
スワブ法　31,140

生体用セラミックス　73
積層型複合材料　82
セラミックス　66
全反射蛍光X線分析　35
全面腐食　65

ゾル-ゲル法　71,96

た 行

耐食性　1
耐摩耗性　1
多結晶体　57
単純沈殿法　96

置換めっき　105
調質　62

定置洗浄　109
ディップ法　30
低分子材料　75
滴下法　28
適正農業規範　9
鉄鋼材料　59
電解めっき　105
電気炉加熱法　95

電子線プローブマイクロアナリシス　37
電子ビーム加熱法　102

銅　63
銅合金　63
透光性セラミックス　67
トータルコントロール剤　114
特性X線　35
ドライ試験　137
トレーサビリティ　9

な 行

二次イオン質量分析法　37
ニューセラミックス　68

熱CVD法　95
熱可塑性プラスチック　76,77
熱硬化性プラスチック　76,77
熱交換器　122
熱プラズマ法　95
燃焼炎法　95

は 行

バイオフィルム　3,41
配管設備　121
培養　23
薄膜作製法　99
ハロー法　24,30
汎用プラスチック　79

光触媒　20
非晶質　67
微生物汚染　10
微生物腐食　44
微生物腐食防止技術　49

事項索引

微生物腐食抑止技術　50
微生物付着　5
非弾性散乱　35
卑な金属　64,105
表面効果　87
表面処理　99
表面分析法　31,33
ビルドアップ法　90
品質マネジメントシステム　9

フィルム密着法　2,26
フードセイフティ　9
拭き取り法　31
複合材料　81
腐食　64,114
腐食機構　46
物理気相合成法　93
不働態皮膜　129
プラズマツイントーチ溶射法　83
ブレイクダウン法　90,97
粉砕　97
粉砕法　73
分散型複合材料　82
粉体　87
粉末材料　87

変態点　58

防食処理剤　115

ま　行

マグネトロンスパッタリング法　103

水処理剤　118,121
密閉型循環冷却水系　113,122

無菌操作　22
無電解めっき　105

めっき　105
めっき法　99,102
滅菌　20

や　行

有機系抗菌剤　19

ら　行

量子サイズ効果　89
臨界核　91

冷却水　116,120
冷却水系　113
冷却水適正水質管理基準　116
冷却塔　113,115
冷凍粉砕　98
レトルト殺菌　110

ろ過滅菌法　21

執筆者一覧＜五十音順＞

飯村　兼一：宇都宮大学　大学院工学研究科　学際システム学専攻　准教授
生貝　　初：鈴鹿工業高等専門学校　生物応用化学科　教授
伊藤　日出生：日洗科学株式会社　代表取締役
宇治原　徹：名古屋大学　大学院工学研究科　結晶材料工学専攻　准教授
大村　博彦：東海鋼管株式会社　営業本部　技術顧問（元名古屋市工業研究所　生産技術部長）
小川　亜希子：鈴鹿工業高等専門学校　生物応用化学科　助教
奥田　貢司：株式会社帝装化成　シニアコンサルタント
加藤　鋼治：株式会社ニュー・サンワ　代表取締役
加藤　丈雄：愛知県産業技術研究所　食品工業技術センター　発酵技術室長
兼松　秀行：鈴鹿工業高等専門学校　材料工学科　教授
故金　正司：オールコントロールサービス株式会社　代表取締役
川上　洋司：大阪市立大学　大学院　工学研究科　機械物理系専攻　准教授
菊地　靖志：大阪大学　接合科学研究所　名誉教授（大阪市立大学　客員教授）
北野　利明：東海ものづくり創生協議会　アドバイザー
黒田　大介：鈴鹿工業高等専門学校　材料工学科　講師
高津　祥司：三菱化学エンジニアリング株式会社　中部支社　エンジ２部　部長
小林　裕幸：株式会社エヌテック　営業技術部　部長
米虫　節夫：大阪市立大学　大学院　工学研究科　客員教授（元近畿大学　農学部　環境管理学科　教授）
坂　　公恭：名古屋大学　エコトピア科学研究所　特任教授
佐藤　嘉洋：大阪市立大学　大学院　工学研究科　機械物理系専攻　教授
鈴木　　聡：日新製鋼株式会社　技術研究所　研究企画チーム　チームリーダー
澄野　久生：鈴鹿工業高等専門学校　産学官連携コーディネーター
西本　浩司：阿南工業高等専門学校　技術室　技術第３グループ
早川　洋二：株式会社早川バルブ製作所　技術顧問
樋尾　勝也：三重県工業研究所　金属研究室　主幹研究員
日原　岳彦：名古屋工業大学　大学院工学研究科　未来材料創成工学専攻　准教授
福崎　智司：岡山県工業技術センター　研究開発部　化学・新素材グループ　グループ長
間世田　英明：徳島大学　大学院ソシオテクノサイエンス研究部　ライフシステム部門　生命システム工学　准教授
水越　重和：株式会社ディ・アンド・ディ　代表取締役
宮野　泰征：秋田大学　教育文化学部　人間環境課程　講師
村川　　悟：三重県工業研究所　金属研究室　主幹研究員
八木　　渉：アイシン精機株式会社　材料技術部　主席技師
柳生　進二郎：独立行政法人物質・材料研究機構　半導体材料センター　主任研究員
吉川　正道：株式会社　吉川機械製作所　代表取締役
吉武　道子：独立行政法人物質・材料研究機構　半導体材料センター　主席研究員
和田　憲幸：鈴鹿工業高等専門学校　材料工学科　講師
渡辺　義見：名古屋工業大学　大学院工学研究科　機能工学専攻　教授

安心・安全・信頼のための抗菌材料

2010年3月5日　　初　　版

編　者……………HACCP対応抗菌環境福祉材料開発研究会
発行者……………米　田　忠　史
発行所……………米　田　出　版
　　　　　　　　〒272-0103　千葉県市川市本行徳31-5　電話 047-356-8594
発売所……………産業図書株式会社
　　　　　　　　〒102-0072　東京都千代田区飯田橋2-11-3　電話 03-3261-7821

© HACCP対応抗菌環境福祉材料開発研究会　2010　　　　中央印刷・山崎製本所

ISBN978-4-946553-42-4　C3058